信息类专业计算机学科课程体系研究

赵 佳 著

北京交通大学出版社
·北京·

图书在版编目（CIP）数据

信息类专业计算机学科课程体系研究 / 赵佳著. -- 北京 : 北京交通大学出版社, 2025. 4. -- ISBN 978-7-5121-5530-5

Ⅰ. TP3

中国国家版本馆 CIP 数据核字第 20253CT704 号

信息类专业计算机学科课程体系研究
XINXILEI ZHUANYE JISUANJI XUEKE KECHENG TIXI YANJIU

责任编辑：刘　蕊
出版发行：北京交通大学出版社　　电话：010-51686414　　http://www.bjtup.com.cn
地　　址：北京市海淀区高梁桥斜街 44 号　　邮编：100044
印 刷 者：北京虎彩文化传播有限公司
经　　销：全国新华书店
开　　本：170 mm×235 mm　　印张：14.25　　字数：219 千字
版 印 次：2025 年 4 月第 1 版　　2025 年 4 月第 1 次印刷
定　　价：49.00 元

本书如有质量问题，请向北京交通大学出版社质监组反映。
投诉电话：010-51686043，51686008；传真：010-62225406；E-mail：press@bjtu.edu.cn。

前　言

2021年11月，教育部决定在部分高校实施计算机领域本科教育教学改革试点工作计划（以下简称“101计划”）。“101计划”的核心在于建立核心课程体系和核心教材体系，以提高课堂教学质量和效果为最终目标。具体地，在核心课程体系建设方面，“101 计划”要集中国内优势力量，建设好12门优秀课程，构建课程体系与知识图谱，并形成教学指导手册，搭建与课程和教材配套的实践平台。“101计划”希望以计算机科学与技术专业（简称计算机专业）教学改革为抓手，从本科学生出发，从教育教学的基本规律和基础要素着手，汇聚国内计算机领域具有丰富教学经验与学术水平的教师和专家团队，充分借鉴国际先进资源和经验，着力培养未来能够突破基础研究和应用的创新型领军人才，成为加强我国基础学科人才培养的突破口。

除了计算机专业外，信息类专业如通信工程、电子信息工程、医学信息工程等也有大量的计算机相关课程。本书以承德某高等院校信息类专业为例，介绍了计算机课程体系的建设情况，包括12门课程，旨在为国家培养具有计算机技术和人工智能的基础理论和专业知识、能胜任系统开发和信息处理等工作的应用型人才。

第1章介绍计算机学科分类、培养模式、人才需求、核心课程和创新课程等相关内容。

第2章介绍课程标准，从课程一般情况、教学总目标、教学内容及具体目标和教学方法四个方面对11门课程进行介绍。

第3章以“操作系统”课程为例，介绍了课程的考核。

第 4 章介绍了新工科背景下的创新课程“综合课程设计”的课程设计目的、课程标准、课程考核方案和课程实践效果，旨在提高学生的实践和应用能力。

本书的编写参考了同类书籍，在此向有关的作者表示衷心的感谢。

由于作者水平有限，书中难免存在不妥和错误之处，敬请读者批评指正，欢迎提出修改建议和意见，联系方式：zhaojia@cdmc.edu.cn。

作　者
2025 年 1 月

目　录

第 1 章　计算机学科概述 …… **1**

1.1　学科分类 …… 1

1.2　培养模式 …… 2

1.3　人才需求 …… 5

1.4　核心课程 …… 6

1.5　创新课程 …… 8

第 2 章　课程标准 …… **10**

2.1　计算机应用基础 …… 10

2.2　C 语言程序设计 …… 20

2.3　计算机组成原理 …… 38

2.4　数据结构与算法 …… 47

2.5　计算机网络与信息安全 …… 71

2.6　Java 程序设计 …… 82

2.7　操作系统 …… 100

2.8　数据库原理与应用 …… 112

2.9　Python 语言应用 …… 127

2.10　人工智能与机器学习 …… 146

2.11　信息系统分析与设计 …… 168

第 3 章　课程考核

——以“操作系统”课程为例 …… **183**

3.1　评价方式 …… 183

3.2 考核方案 ……184

第 4 章 综合课程设计 ……188

4.1 课程设计目的 ……188
4.2 课程标准 ……190
4.3 课程考核方案 ……211
4.4 课程实践效果 ……214

参考文献 ……216

第1章 计算机学科概述

1.1 学科分类

中国高校专业设置按“学科门类”“一级学科”“二级学科”三个层次来设置。1990 年 10 月国务院学位委员会和国家教育委员会（今教育部）联合发布《授予博士、硕士学位和培养研究生的学科、专业目录》并于 2022 年发布修改版，包括 14 个学科门类、117 个一级学科和 67 个专业学位类别。一级学科下设若干二级学科。计算机科学与技术是一级学科，下设计算机系统结构、计算机软件与理论和计算机应用技术三个一级学科。之后，陆续增加了计算机相关的若干一级、二级学科。2012 年，新增“软件工程”一级学科。2015 年，新增“网络空间安全”一级学科。[1]此外，普通高等学校本科专业目录中有 18 个计算机类的本科专业，专业代码和专业名称如表 1–1 所示。

表 1-1　计算机类专业代码和专业名称

专业代码	专业名称	专业代码	专业名称
080901	计算机科学与技术	080904K	信息安全
080902	软件工程	080905	物联网工程
080903	网络工程	080906	数字媒体技术

续表

专业代码	专业名称	专业代码	专业名称
080907T	智能科学与技术	080913T	电影制作
080908T	空间信息与数字技术	080914TK	保密技术
080909T	电子与计算机工程	080915T	服务科学与工程
080910T	数据科学与大数据技术	080916T	虚拟现实技术
080911TK	网络空间安全	080917T	区块链工程
080912T	新媒体技术	080918TK	密码科学与技术

1.2 培养模式

1. 精英班模式

计算机科学实验班（以下简称“姚班”）是清华学堂计划规模最大的实验班基地，于 2006 年 3 月开班，目标在于为中国培养与美国麻省理工学院、普林斯顿大学等世界一流高校本科生具有同等甚至更高竞争力的，具有灵活开放、保有好奇心的个性，具有充沛精力、丰富创造力和敏锐洞察力的国际拔尖创新学术人才[2]。姚班专注于“因材施教”和“深耕精耕”相结合的特色人才培养模式，采用阶梯式培养环节：前两年实施计算机科学基础知识强化训练，后两年实施各个方向的专业教育。姚班下设计算机科学与技术、人工智能和量子信息三个专业培养方向，学生在大一结束后可以根据兴趣选择专业方向。姚班非常重视学生的理论知识和基础能力培养，所有专业核心课程都是全英文授课，旨在培养学生的国际化思维方式和适应国际化教学模式。这种教学模式为学生提供了丰富的国际科研合作机会，许多学生有机会赴美国麻省理工学院、宾夕法尼亚大学等世界一流学府进行研究和交流。毕业生去向方面，姚班的毕业生在学术界和工业界都取得了显著成就。许多学生选择继续深造，进入麻省理工学院、斯坦福大学等顶尖学府攻读研究生学位，也有部分学生进入微软亚洲研究院、IBM 等知名企业工作。此外，姚班的毕业生在学术界也表现出色，发表了大量学术论文，并在国际会议上作报告。

北大图灵班创办于 2017 年，由图灵奖获得者约翰·霍普克罗夫特（John Edward Hopcroft）担任指导委员会主任，以“挑战计算科学极限、推进智能科学前沿”为目标，致力于为中国培养计算机科学界下一代领军人物的国际化人才。[3]图灵班的课程设置涵盖了计算机科学的各个核心领域，从基础的编程语言到高深的人工智能算法。学生们不仅要掌握扎实的理论知识，还要通过大量的实践项目来锻炼自己的实际操作能力。教授们深入浅出地讲解复杂的算法和理论，学生们在热烈而专注的学术氛围中学习。此外，图灵班拥有强大的导师团队，包括多位图灵奖获得者，确保学生在学术和实践方面都能得到高水平的指导。北大图灵班主要面向信息学、物理、数学国家集训队保送及从大一学生中进行二次选拔的优秀学生。一般招收 30 人进入特别培养计划小班，集全系的优秀师资和教学资源进行培养。在 2024 年第 48 届 ICPC 全球总决赛上，三位来自图灵班的北大信科学子夺冠，展现了图灵班在计算机科学领域的卓越成就。

近年来，其他高校也陆续建立了各种拔尖人才特长班。“上海交通大学 ACM 班”于 2002 年 6 月正式成立，旨在培养计算机科学家和行业领袖，是中国第一个计算机特长班。[4]“浙江大学图灵班”是该校计算机科学基础学科拔尖人才实验班，依托竺可桢学院拔尖人才培养基地和教育教学改革试验平台，借助计算机学院雄厚的教学科研力量，围绕“全科式基础强化”“全方位科研训练”“全程化导师引领”“全球化资源导入”和“专业化学科培养”的“四全一专”特色培养模式，实施计算机拔尖人才的培养方案，培养具备厚基础、高素养、深钻研、宽视野的高素质本科生。鼓励学生毕业后进入全球一流高校继续深造，以成为计算机领域未来的一流学科引领者和战略科学家。[5]

2. 书院制、小班课

近年来，实施书院制教育成为中国高校教育改革的一种积极探索和有效尝试。很多学校在应用型人才培养管理体制的指导思想下建立了书院制学生人才培养机制，即结合第二课堂人才培养方案提升学生的综合素质能力，以同辈辅导、自主学习、自主管理和自我教育为主线，坚持行政班和专业教学班级交叉管理模式，将第一、第二课堂的学习交流相互交叉，加强学生专业背景的多样化，拓展学生的思维与认识。同时，学院制的人才培养和管理更加注重以年级和书院文化为基础，采用过程管理，突出强弱并进行分层分类培养，注重对学生主体意识和主体地位的培养。[6] 2014 年，香港中文大学、台湾清华大学、台湾政治大学、复旦大学、西安交通大学、华东师范大学及北京航空航天大学 7 所高校在京发起成立亚太高校书院联盟。

小班课是本科低年级优秀学生培养的一种机制。[7]例如，在大一和大二学生中，开展以实验班课程为核心的普惠制培养机制，其中实验班课程是计算机学科所有专业基础课和专业核心课的加强版本。此外，多所高校在大一年级实施新生导师制，让所有低年级学生都有机会接触科研。

3. 本科生科研

从 2009 年拔尖计划正式实施以来，国内众多高校已经开展了初具规模的以科研为导向的拔尖学生培养机制，其目标是培养未来的科研领军人才，其主要选拔标准是关注学生本科前两年表现出的科研素质与潜力。[8]根据学生在书院制、小班课中的表现，并综合推荐导师与新生导师的建议，由拔尖学生委员会面试，选拔少数优秀学生进行本科生科研培养。

本科生科研项目支持包括教育部拔尖计划研究课题以及省市政府、企业赞助的本科生科研项目，在高校的具体实施方式为将学分计入培养计划的本科生科研课程，往往在大二开始立项，在大四进行结题。近年来，国内本科生科研成果丰硕，包括发表上百篇中国计算机学会 A 类顶级期刊和会议论文。值得一提的是，在校生已经突破性地在计算机系统结构、计算机编程语言、计算机网络等计算机核心技术领域的国际顶级会议上发表第一作者论文，并荣获顶级会议最佳论文奖。

4. 理论教学与实践教学相结合模式

高校计算机教学活动是一种多层面多需求的教学模式，它要求以理论为基础，以实践为手段来完善高校计算机教育。[9]在计算机专业的课程设置中，通常会有一系列理论课程，如计算机组成原理、操作系统原理、数据结构等。这些课程构建了学生对计算机系统、算法等基础知识的理解框架。例如在数据结构课程中，学生将学习线性表、树、图等各种数据组织方式及其操作算法，通过课堂讲解、阅读教材等方式掌握理论知识。同时，配套的实践课程会紧跟理论教学，像数据结构课程的实践环节可能包括使用编程语言实现各种数据结构，并完成如排序算法优化、图的遍历等实际操作任务。

计算机专业实验室配备了高性能计算机、服务器等设备，为学生提供实践场所。在网络工程课程的实验室教学中，学生可以亲手搭建局域网，配置路由器、交换机等网络设备，通过实际操作来理解网络拓扑结构、IP地址分配等理论知识。同时，实验室教学还注重培养学生的实验设计能力和问题解决能力，例如在数据库系统实验中，学生需要自己设计数据库架构，并解决数据插入、查询等过程中出现的各种问题。

课程设计是针对某一门课程的综合性实践项目。以“信息系统设计与分析”课程设计为例，学生可能需要按照软件工程的流程，从需求分析、软件设计、编码实现到测试，完成一个小型软件项目，如简单的学生成绩管理系统。毕业设计则是对学生整个大学所学知识的综合考验，通常要求学生在教师的指导下，选择一个具有一定规模和难度的课题，如开发一个基于人工智能的图像识别系统，完成从开题报告、系统设计与实现到论文撰写等一系列环节。

1.3 人才需求

计算机类专业就业前景广阔，毕业生可在互联网企业、软件企业专业岗位任职，从事与计算机软件开发相关的职业，例如软件工程师、系统工程师、游戏开发工程师等热门职业，部分毕业生选择非开发岗位，例如项目经理、游戏策划、数据分析等岗位，也可以在各大、中型企事业单位的信息技术部门、教育部门等单位从事计算机相关的技术开发、教学、科研及管理等工作，同时也可以进行自主创业。

从部分专业统计机构的统计数据中可以发现，计算机类专业就业具有整体稳定、高位维持的特点。以本科就业为例，在 2015—2018 年这 4 年间，计算机类专业毕业生就业率在 95%左右，稳定地维持在一个高位。[10]智联招聘于 2024 年发布《2024 大学生就业力调研报告》，调研数据显示，2024 届求职毕业生期望行业中，IT/通信/电子/互联网、政府/非营利机构、文化/传媒/娱乐/体育行业位列前三，占比分别为 26.4%、9.4%、8.9%。IT 互联网行业为应届生贡献很多就业岗位，也是应届生最向往的行业。2024 年计算机专业的就业率为 68.65%，在全国专业就业率排名中位列第七。这一数据相较于往年的高位水平有所下滑，甚至跌出了前五名。然而，这并不意味着计算机专业失去了竞争力或就业前景黯淡。事实上，随着科技的飞速发展，特别是人工智能、大数据、物联网等新兴领域的兴起，计算机专业人才的需求依然旺盛，并且在这些新兴领域中，计算机专业人才更是供不应求。

信息化时代背景下，所有产业都在进行数字化转型。数字化技术包括传统的 IT 技术和以人工智能、大数据、云计算为代表的新兴技术。数字经济的蓬勃发展，促进新增市场主体快速成长，将创造大量就业岗位。数字产业化是数字经济发展的先导力量，以信息通信产业为主要内容，具体包括电子信息制造业、电信业、软件和信息技术服务业、互联网行业及其他新兴产业，这些产业对相关人才的需求将大规模提升。未来 10 年，是中国突破“卡脖子”核心技术的关键 10 年。为适应新的经济形态和新的技术浪潮，核心技术人员规模会逐渐扩大，人才需求量巨大。

1.4 核心课程

计算机学科核心课程有“计算机组成原理”“数据结构与算法”“计算机网络”“操作系统”“数据库原理与应用”“程序设计语言”等。

计算机组成原理主要讲述计算机硬件系统的组成和工作原理。包括计算机的五大部件（运算器、控制器、存储器、输入设备和输出设备）的结构和功能，以及它们是如何协同工作来执行程序的。同时，还会涉及计算机的性能指标，如主频、字长、存储容量等对计算机性能的影响。

数据结构与算法的数据结构部分主要研究数据的组织方式，包括线性结构（如数组、链表、栈、队列）、树形结构（如二叉树、多路查找树）和图形结构（如无向图、有向图）。算法部分则着重讲解各种数据结构上的操作算法，如排序算法（冒泡排序、快速排序、归并排序等）、查找算法（顺序查找、二分查找、哈希查找等）和图算法（深度优先搜索、广度优先搜索、最短路径算法等）。

计算机网络课程介绍计算机网络的基本概念、体系结构和协议。包括网络分层模型（如开放式系统互连参考模型）、各层的功能和典型协议（如物理层的以太网协议、网络层的协议、传输层的协议、应用层的等协议）。同时，还会涉及网络拓扑结构、网络设备（路由器、交换机等）的工作原理以及网络安全等内容。

操作系统课程聚焦于操作系统的基本概念、原理和实现技术。内容涵盖进程管理（进程的创建、调度、同步和通信）、内存管理（分区分配、页式管理、虚拟内存等）、文件系统（文件的逻辑结构、物理结构、目录结构等）和设备管理（设备的分配、驱动程序等）。

数据库原理与应用课程涵盖数据库的基本概念、数据模型（如层次模型、网状模型、关系模型）、关系数据库的标准语言（数据定义、数据查询、数据操纵和数据控制语句）、数据库设计（概念设计、逻辑设计和物理设计）、数据库管理系统的功能和实现原理（事务管理、并发控制、数据恢复等）。

程序设计语言有C语言、Java语言和Python语言。C语言程序设计内容包括程序设计基本结构及相关概念、变量、函数、语句（if条件语句、switch条件语句、for循环语句、while循环语句）、数组、指针、字符串、结构体。Java 语言在此基础上，增加了面向对象程序设计思想和相关内容，包括类与对象、异常处理、多线程、输入输出、图形用户界面和网络编程。Python语言在Java的基础上，增加了爬虫、数据分析和处理以及数据可视化等相关内容。

1.5 创新课程

2017 年 2 月以来，教育部积极推进新工科建设，先后形成了“复旦共识”、“天大行动”和“北京指南”，并发布了《关于开展新工科研究与实践的通知》《关于推进新工科研究与实践项目的通知》，全力探索形成领跑全球工程教育的中国模式、中国经验，助力高等教育强国建设。新工科建设应积极应对变化，引领创新，探索不断变化背景下的工程教育新理念、新结构、新模式、新质量、新体系，培养能够适应时代和未来变化的卓越工程人才。专家和学者就新工科下的课程改革展开多项研究。电子科技大学的杨宁等[11]提出了新工科背景下综合课程设计实验课程多元化考核改革实践。潘秀珍等[12]提出基于工程实践能力培养的钢结构课程多样化教学模式构建与创新。居里锴等[13]对“大工程观”下工程实践教学改革进行了探索与实践。刘卓等[14]提出以工程实践能力为导向的计算机专业核心课程融合教学模式改革。倪强、曾建萍和方跃峰等提出了以创新创业能力培养为核心的计算机专业实践课程教学改革[15-17]。

其实不止中国，国外也在积极探索工程教育改革。2017 年 8 月，麻省理工学院（MIT）启动了新一轮的工程教育改革“新工程教育转型”（new engineering education transformation，NEET）计划，旨在重构麻省理工学院的工程教育教学，从根本上对工程教育进行一次系统性反思和变革，变革的重点集中在学生的学习方式及学习内容，目标是培养能够引领未来产业界和社会发展的领导型工程人才。[18]

计算机学科课程有“计算机应用基础”“高级 Office”“C 语言程序设计”“数据结构与算法”“计算机组成原理”“Java 程序设计”“数据库原理与应用”“Python 语言应用”“操作系统”“计算机网络与信息安全”等，课程群落的核心概念之间存在互相重叠或前驱后继关系。传统课程以分科设置为主，容易导致将课程与课程彼此之间割裂，造成学生“只见树木不见森林”的思维模式，不利于学生全面发展。分科课程偏重于书本知识，且大多限于某一个情境，导致忽略当代社会生活的现实需要，在一定程度上限制了对学生实践动手能力和创新创业意识的培养。

新工科的关键任务之一是强化实践创新能力，因此作者在原有课程体系基础上进行教学改革创新，建设创新课程“综合课程设计”，以项目为中心，将计算机学科不同课程中具有联系的核心概念进行交叉和融合，通过教师讲解、学生自学和团队合作，提高学生实践和创新能力。该课程打破分科课程之间的断层，为学生呈现整体联系的知识网，促进学生认识的整体性发展，并形成把握和解决问题的全面视野和方法。以社会实际需求为项目背景，让学生走出课堂，发现问题，思考问题，解决问题，提高学生的自主学习能力、工程实践能力，培养创新创业意识。

第2章
课 程 标 准

课程标准是规定某一学科的课程性质、课程目标、内容目标、实施建议的教学指导性文件。具体包括课程一般情况、教学总目标、教学内容及具体目标和教学方法四部分内容。其中课程一般情况包括课程名称、课程性质、课程学时、课程学分、开课学期、前驱课程和课程简介等内容。教学总目标包括知识目标、能力目标和思政与素养目标三个层面。教学内容及具体目标分为理论和实验两大部分，每个部分由不同的教学模块组成，每个模块都从教学目标、学时分配和教学内容三个方面进行讲解。教学方法则是根据不同内容推荐不同的教学方法，如理论与实践相结合、线上线下混合教学、小组讨论、案例分析等。

2.1　计算机应用基础

1. 课程一般情况

课程名称：计算机应用基础

课程性质：必修课

课程学时：总学时 48，其中理论 8 学时，实验 40 学时，理论与实验学时比为 1:5

课程学分：2 学分

开课学期：第一学期

前驱课程：无

计算机及网络深入社会的各个领域，并深刻地改变了并继续影响着人们的工作、学习和生活方式。计算机基本的应用能力已经成为现代社会中人们的一项必备技能。本课程主要介绍计算机基础知识、通用办公软件的基本操作和网络的基本使用方法，为大学生学习其他课程奠定基础。[19]计算机应用所必需的大量实践操作对于激发学生创新意识、培养自学能力和锻炼动手实践本领也起着极为重要的作用。同时，该课程所授内容也对应于全国计算机等级考试中一级考试的内容。

2. 教学总目标

1）知识目标

（1）能够概述计算机的诞生与发展中标志性事件与代表产品、计算机相关数制及编码、多媒体的定义及元素、计算机系统的概念及组成。

（2）具备熟练使用操作系统各项基本操作的能力。

（3）具备熟练使用文字处理软件各常用功能（如存档、排版、表格处理和图文处理等）的操作能力。

（4）具备熟练使用电子表格处理软件各常用功能（如存档、数据输入与编辑、工作表格式化、公式与函数、数据图表和数据管理等）的操作能力。

（5）能够阐释网络的发展、分类、特点，以及通信协议的基本概念，能够描述常用硬件设备、因特网基本技术、云计算、大数据物联网等网络扩展技术的概念和特点。

（6）具备熟练利用因特网常用应用如信息浏览、信息检索和电子邮件处理的操作能力。

（7）能够阐释人工智能、机器学习、信息及安全、计算思维和计算机与网络道德规范的概念。

2）能力目标

（1）初步具有计算机组成及工作原理的理论基础。

（2）对于操作系统和办公软件基本操作能够熟练使用。

（3）具有网络技术的基础理论，能够熟练使用常用网络应用处理常见需求。

（4）能够对计算机新发展及相关新技术有一定的理解。

（5）具备一定自主学习能力和科学思维习惯。

3）思政与素养目标

（1）形成使用电子设备技术的基本观点和科学态度，为辩证唯物主义世界观的树立、专业素养和职业精神的养成奠定基础。

（2）激发对计算机本身及嵌入了电子信息技术的各种新时代科技的兴趣、热爱、好奇心和求知欲，形成质疑和探究的习惯。

（3）树立自主学习和终身学习的观念，认识到持续自我完善的重要性，不断追求卓越。

3. 教学内容及具体目标

计算机应用基础理论

计算机的诞生与发展

【教学目标】

1）知识目标

（1）能够列出电子计算机诞生的主要标志元素。

（2）能够解释电子计算机工作原理及基本组成部分的作用。

（3）能够列出计算机发展的几个阶段。

（4）能够列出微型计算机的特征、分类的主要依据和现在流行微机的典型特点。

（5）能够列出计算机发展的显著特点。

2）能力目标

（1）能够对计算机整体和局部有概念上的理解。

（2）能够为后续章节学习奠定基础。

3）思政与素养目标

（1）在学习计算机工作算法过程中，介绍中国第五大发明—算盘，让学生了解中国古代源远流长的计算方法和思维，增强学生的文化自信。

（2）通过介绍计算机技术的发展，介绍中国超级计算机，让学生增强对中国制造、中国科技实力的信心，激发民族自豪感。

【学时分配】2学时。

【教学内容】

（1）电子计算机；

（2）计算机五个基本组成部分；

（3）计算机发展阶段；

（4）微型计算机；

（5）计算机发展的显著特点。

计算机中的数制与编码

【教学目标】

1）知识目标

（1）能够叙述二、八、十、十六进制数的特征及基本算术运算规则，能够描述二进制数的逻辑运算规则和各进制数之间的转换方法。

（2）能够理解二进制数的存储单位及存储方式。

（3）能够描述机器数、真值数、原码、反码、补码、定点数、浮点数的特征及作用。

（4）能够叙述美国信息交换标准（American Standard Code for Information Interchange，ASCII）码的基本规则，了解汉字编码的处理复杂性。

（5）能够了解声音、图形、图像编码的特点和基本规则。

2）能力目标

（1）能够对计算机数据进行基本计算。

（2）能够理解电子设备工作特点。

3）思政与素养目标

（1）在学习汉字编码的过程中，让学生认识到攻克汉字编码难关的不易，学习中国专业技术人员大胆创新、攻坚克难的科学精神和创新精神。

（2）在学习数值、汉字和多媒体信息编码的过程中，体会透过现象把握本质，掌握马克思主义哲学中现象与本质的辩证关系。

【学时分配】4 学时。

【教学内容】

（1）二、八、十、十六进制数；

（2）二进制数的逻辑运算规则；

（3）各进制数之间的转换；

（4）计算机数据的特征及基本计算；

（5）ASCII 码的编码规则；

（6）汉字编码的组成部分；

（7）声音、图形、图像编码的特点。

计算机系统

【教学目标】

1）知识目标

（1）能够理解计算机系统概念及构成。

（2）能够叙述硬件系统的组成部分及工作原理。

（3）能够叙述软件系统的组成部分及各自的作用。

（4）能够列出当前流行微机硬件系统组成部分的常用设备。

（5）能够列出当前流行微机软件系统组成部分的常用软件。

2）能力目标

能够在整体上理解计算机的功能。

3）思政与素养目标

（1）在学习计算机系统构成的过程中，学习屠呦呦发现青蒿素获得诺贝尔奖即团队合作精神助推摘取殊荣，增进学生科学严谨、团队协作的科学精神。

（2）学习微机硬件和软件的迭代更新，感受并体会终身学习和不断进取的科学精神。

【学时分配】2 学时。

【教学内容】

（1）计算机系统的软件系统与硬件系统；

（2）硬件系统；

（3）软件系统；

（4）当前流行微机硬件系统的硬件设备；

（5）当前流行微机的软件特征。

计算机应用基础实验

操作系统及其应用

【教学目标】

1）知识目标

（1）能够理解操作系统的概念、功能和五大管理任务。

（2）能够描述文件及文件夹的管理方法。

2）能力目标

（1）能够理解操作系统的功能和作用。

（2）能够熟练使用一种操作系统的常用功能。

3）思政与素养目标

（1）学习操作系统的资源管理功能，认识到效率和公平的关系，增强公平公正、效率优先的意识。

（2）在学习操作系统的过程中，认识支持国产鸿蒙操作系统的重要性。

【学时分配】6学时。

【教学内容】

（1）操作系统概述；

（2）Windows 概述；

（3）Windows 的文件管理；

（4）程序管理；

（5）计算机管理；

（6）Windows 控制面板。

文字处理软件

【教学目标】

1）知识目标

（1）能够描述文字编辑与排版操作的方法。

（2）能够熟练描述制作表格与使用图文混排的方法。

2）能力目标

（1）能够熟练进行文字编辑与排版操作。

（2）能够熟练制作表格与使用图文混排功能。

（3）能够熟练使用打印、公式编辑器、批注、邮件合并和文档保护等功能。

3）思政与素养目标

（1）学习 Word 编辑的表格制作时进行各国（地区）GDP 排名输入，带领学生绘制国家发展的伟大宏图，激发民族自豪和使命担当的爱国主义精神。

（2）通过 Word 操作，排版学校建校历史事迹，让学生感受母校的红色基因及老一辈医务工作者的爱国情怀、牺牲奉献和舍生忘死的爱国主义精神。

【学时分配】12 学时。

【教学内容】

（1）Word 的基本知识；

（2）Word 的基本操作；

（3）文档的版面设计；

（4）表格制作和处理；

（5）图文处理。

电子表格处理软件

【教学目标】

1）知识目标

（1）能够列举电子表格的常用功能。

（2）能够描述电子表格常用功能的使用方法。

2）能力目标

（1）能够熟练进行数据输入及编辑、序列填充、公式与函数的使用，能够设置自动填充、创建和设置图表。

（2）能够理解和设置单元格的相对引用与绝对引用及不同工作表单元格的引用。

（3）能够对工作簿与工作表设置保护。

3）思政与素养目标

（1）在学习 Excel 创建图表的过程中，制作中国创新指数的柱形图图表，将中国科技进步贡献率数据制作成折线图，使学生对自主创新、勇于开拓的创新精神产生强烈的认同，让学生体会中国科技进步的动态增长，感受到成长中的中国力量。

（2）在学习 Excel 的数据排序的过程中，利用 rank 函数对世界 500 强公司进行排序，激发学生对中国改革开放以来改革成果和国家强大的赞赏与认同，进而增强为国家富强的伟大事业奋斗的信心和决心。

【学时分配】12 学时。

【教学内容】

（1）Excel 的基本知识；

（2）Excel 的基本操作；

（3）公式和函数；

（4）数据图表；

（5）数据的管理。

计算机网络第一部分

【教学目标】

1）知识目标

（1）能够解释计算机网络概念、组成、分类、特点和功能。

（2）能够解释网络协议的作用。

（3）能够列出网络的硬件设备。

（4）能够解释因特网的基本技术及各自的作用。

2）能力目标

（1）能够使用网络技术完成相应的网络操作。

（2）能够识别常用的网络硬件设备。

3）思政与素养目标

（1）在学习网络发展的过程中，介绍北斗卫星定位系统，体会科技兴国和科技强国的意义，只有科技发展才能助力国家发展、社会和谐和人民幸福。

（2）通过计算机新技术大数据，了解防控疫情的各种相关软件，培养学生严谨细致、相信和尊重科学的科学精神以及为人民健康服务的奉献精神。

【学时分配】2 学时。

【教学内容】

（1）计算机网络概念和组成；

（2）计算机网络分类、特点和功能；

（3）网络协议的作用；

（4）网络硬件；

（5）因特网的特点；

（6）新兴网络技术。

计算机网络第二部分

【教学目标】

1）知识目标

（1）能够列举网络的常见应用。

（2）能够描述网络信息检索引擎和电子邮件的使用方法。

2）能力目标

（1）能够熟练进行浏览器的设置和使用。

（2）能够熟练使用网络信息检索引擎。

（3）能够熟练使用电子邮件发送和接收邮件。

（4）能够熟练应用因特网信息与 Word 软件和 Excel 软件进行综合操作。

3）思政与素养目标

（1）在学习检索引擎的过程中，以“毛泽东”“论联合政府”“有则改之、无则加勉”为关键词，阅读伟人教诲，提高人生修养，注重品格培养。

（2）在学习收发电子邮件的过程中，以在抗日战争时期放羊的海娃给八路军送鸡毛信为例，阐述信息标识的必要性、信息获取的重要性，激发爱国主义精神。

【学时分配】6 学时。

【教学内容】

（1）因特网信息浏览；

（2）网上信息检索；

（3）电子邮件的使用；

（4）综合操作。

人工智能和计算机素质教育

【教学目标】

1）知识目标

（1）能够描述人工智能知识。

（2）能够阐述计算机素质所涵盖的内容。

2）能力目标

（1）能够搜索并理解计算机前沿科技。

（2）能够使用人工智能大模型解决学习中的问题。

3）思政与素养目标

（1）通过学习人工智能的视觉及智能语音，介绍亚洲首个中国创造的无人码头青岛港，激发学生学习中国科技工作者打破垄断、自主创新的精神，同时将这种精神贯穿到学习和未来职业生涯中。

（2）通过信息安全案例讲解网络泄密的原因及防范方法，进行信息安全、个人隐私教育，培养严谨规范、遵纪守法的法制精神。

【学时分配】2 学时。

【教学内容】

（1）人工智能的概念与发展；

（2）机器学习与深度学习；

（3）计算机素质教育。

4. 教学方法

本课程主要采用理论与实践相结合的教学方法，适当配合使用线上线下混合教学。在课堂讲授中可根据教学目标、教学内容和学生状态等采用启发式、案例式和探究式等方式，同时注重课程思政与学科前沿的有机结合。教学中可适当采用小组讨论和师生角色互换的方式。最主要的是调动学生的积极性，动手实践操作，培养自主学习的能力。

2.2 C 语言程序设计

1. 课程一般情况

课程名称：C 语言程序设计

课程性质：必修课

课程学时：总学时 80，其中理论 40 学时，实验 40 学时，理论与实验学时比为 1:1

课程学分：4 学分

开课学期：第二学期

前驱课程：计算机应用基础

C 语言程序设计课程主要介绍程序设计基本结构及相关概念、变量、函数、语句、if 条件语句、switch 条件语句、for 循环语句、while 循环语句、数组、指针、字符串和结构体相关知识。[20]该课程培养并提高学生的程序设计及调试能力，为学生将来从事软件开发和解决工程问题奠定基础，同时也为学生对后续课程的顺利学习提供保证。

2. 教学总目标

1）知识目标

（1）能够概述C语言的基本数据类型和运算符与表达式的基本概念。

（2）能够掌握C语言的顺序结构程序设计、选择结构程序设计和循环结构程序设计的基本方法。

（3）能够熟练描述函数、数组和指针的概念及使用方法。

（4）能够理解结构体、共用体、位运算和文件的概念。

2）能力目标

（1）初步具备阅读分析程序的能力，能看懂一般难度的程序，能分析程序是如何一步步实现所要求的功能的。

（2）具备编写程序的能力，初级目标：能通过模仿，编写简单的程序。中级目标：能独立编写一般难度的程序。高级目标：能编写程序解决学习中的实际问题。

（3）具备调试程序的能力，能上机调试运行一般难度的程序。

（4）能够在语言表达与沟通、自主学习和团队合作方面得到一定的锻炼和提高。

3）思政与素养目标

（1）培养爱国情怀，增强民族自信、文化自信，提升个人素养。

（2）培养耐心、细致、有条理的工作作风，通过调试程序培养面对问题时自信、沉着、冷静的心理素质。

（3）培养解决比较复杂的问题时把握全局、统筹规划的能力。

（4）培养相互协作的能力与团队精神。

（5）初步建立计算思维（程序化思维）。

（6）培养有社会责任、有创新精神、有专业知识、有实践能力的应用型人才。

3. 教学内容及具体目标

C 语言程序设计理论

C 语言程序设计预备知识

【教学目标】

1）知识目标

（1）能够描述计算机的系统组成及工作原理。

（2）能够概述二进制数的表示，说明二进制数与其他进制数的转换方法。

（3）能够说明机器数的表示形式和表示范围。

2）能力目标

（1）能够熟练进行各种进制转换。

（2）能够进行补码的加、减运算及二进制的运算。

（3）能够将 C 语言程序设计与计算机基础知识建立联系。

3）思政与素养目标

（1）计算机的组成以存储器为中心，在控制器的控制下工作，每个部分是个体，也是整体不可或缺的部分。通过学习此内容，培养大局意识，增强团队精神。

（2）通过学习进制转换，提醒学生在认识问题和分析问题时，善于透过现象把握本质。

【学时分配】2 学时。

【教学内容】

（1）计算机系统组成及工作原理；

（2）进位计数制及其转换；

（3）机器数的表示形式及其表示范围；

（4）二进制的位运算。

基本数据类型、运算符与表达式

【教学目标】

1）知识目标

（1）能够阐释变量和常量的概念。

（2）能够说明各种类型的数据在内存中的存放形式。

（3）能够阐述各种类型数据的常量的使用方法。

（4）能够阐述调用 printf 函数输出各种类型数据的方法。

（5）能够阐述数据类型的转换规则以及强制类型转换的方法。

（6）能够掌握赋值运算符、算术运算符、位运算符、逗号运算符以及 sizeof 的使用方法。

（7）能阐述运算符的优先级和结合性的概念，识记所学的各种运算符的优先级关系和结合性。

2）能力目标

（1）能够充分理解 C 语言中使用不同数据类型的原因，能够根据具体问题选择合适的数据类型。

（2）能够对 C 语言中的简单数据类型、运算符及优先级进行很好的把握，并能通过实际编程加以理解和应用，为编程打好语法基础。

3）思政与素养目标

（1）通过对基本数据类型的学习，了解到软件的总体设计要有大局观意识，培养学生把握全局和统筹规划的能力。

（2）通过对运算符运算规则的学习，培养法纪观念，建立规则意识。

【学时分配】6 学时。

【教学内容】

（1）C 语言的数据类型；

（2）常量、变量和标识符；

（3）简单数据类型与表示范围；

（4）运算符与表达式；

（5）运算符的优先级和结合性。

基本输入/输出和顺序程序设计

【教学目标】

1）知识目标

（1）能够阐述各种类型数据的格式化输入/输出方法。

（2）能够阐述字符数据的非格式化输入/输出方法。

（3）能够绘制三种程序控制结构的流程图。

（4）能够描述顺序结构程序的设计的方法和步骤。

2）能力目标

（1）能够使用输入/输出函数对各种类型数据进行输入/输出。

（2）能分析读懂顺序结构程序。

3）思政与素养目标

（1）通过对顺序结构程序设计的学习，告诫学生做事应当循序渐进，不可急躁，培养耐心、细致和有条理的工作作风。

（2）通过对控制结构、模块化程序设计思想的学习，培养团结合作意识。

【学时分配】4 学时。

【教学内容】

（1）格式化输出 printf;

（2）格式化输入 scanf;

（3）字符数据的非格式化输入/输出；

（4）程序的控制结构；

（5）顺序结构的程序设计。

选择结构程序设计

【教学目标】

1）知识目标

（1）能够阐述选择结构的含义与设计原则。

（2）能够列出 C 语言语句的类型。

（3）能够阐述 if、switch 语句的使用方法。

（4）能够描述选择结构的嵌套使用的方法。

2）能力目标

（1）能够了解选择结构程序中语句执行的流程，以便更好地把握选择结构程序设计的方法和应用技巧，能分析读懂选择结构的程序。

（2）能够使用 if 语句与 switch 语句来解决具体问题。

3）思政与素养目标

（1）在 if 语句和 switch 的语句格式中，一个微小的误差可能导致程序运行异常，通过此现象培养严谨的科学态度。

（2）通过选择结构语句执行流程，启发学生为正确、丰富多彩的人生选择创造条件，培养正确的人生观和世界观。

【学时分配】4 学时。

【教学内容】

（1）C 语言程序中语句的分类；

（2）关系运算符、逻辑运算符、条件运算符；

（3）选择结构的程序设计。

循环结构的程序设计

【教学目标】

1）知识目标

（1）能够阐释循环结构的含义。

（2）能够说明 C 语言中三种循环结构的特点。

（3）能够描述 while、do-while、for、goto、break、continue 语句的语法和功能。

（4）能够概述不同循环结构的选择及其转换方法。

（5）能够描述循环的嵌套使用的方法。

2）能力目标

（1）能够分析阅读循环结构的程序。

（2）能够灵活选择和使用循环结构。

3）思政与素养目标

（1）通过对循环语句的学习，教育学生循环的本质是重复，但不是简单无意义的重复，其中体现了“量变引起质变”的哲学观。在以后的学习和生活中，保持持之以恒的学习态度，提升个人素养。

（2）将国内外经典算法加以对比，比如求解最大公约问题，培养学生的文化自信与爱国情怀。

【学时分配】4 学时。

【教学内容】

（1）循环结构的程序设计；

（2）循环结构类型的选择及转换；

（3）循环结构程序设计举例。

数　组

【教学目标】

1）知识目标

（1）能够描述数组变量在内存中的存放形式。

（2）能够说明一维数组和二维数组变量的定义和数组元素的引用方法。

（3）能够正确对数组赋值。

（4）能够区分字符串与字符数组的差异。

2）能力目标

（1）能充分把握数组的具体定义和操作。

（2）能够使用数组实现对字符数据操作。

（3）能够熟练使用各种字符串库函数。

3）思政与素养目标

（1）通过对数组的学习，同一数组类型放在一个数组下，展示物以类聚、人以群分的道理，培养正确的人生观、世界观。

（2）通过对数组元素的学习，告诉学生在集体中发挥个人的光和热，在班级中团结同学，尊敬师长，培养学生个人道德修养。

【学时分配】4 学时。

【教学内容】

（1）一维数组；

（2）二维数组；

（3）字符串与数组。

函　　数

【教学目标】

1）知识目标

（1）能够叙述函数在C语言程序设计中的作用和地位。

（2）能够阐释函数、形参、实参、作用域和生存期的概念。

（3）能够阐述各种函数的定义、原型声明和调用。

（4）能够描述全局变量、局部变量、静态变量、静态函数的作用域和生存期。

（5）能够阐释递归的概念及递归程序设计思想和方法。

2）能力目标

（1）能够正确使用函数。

（2）能够正确把握函数的嵌套使用及递归。

3）思政与素养目标

（1）通过学习C语言与函数的关系，联系集体和个人，启示学生将来作为社会的一员，都要有爱岗敬岗、甘当螺丝钉的精神，引导正确的世界观、人生观、价值观的树立。

（2）通过学习函数，培养模块化程序设计思想，培养团结合作意识。

【学时分配】4学时。

【教学内容】

（1）函数的概述；

（2）函数的定义与调用；

（3）函数参数的传递方式；

（4）变量的作用域与生存期；

（5）变量的存储类型；

（6）函数的嵌套和递归调用；

（7）函数的作用域；

（8）常用的库函数；

（9）函数封装。

指　　针

【教学目标】

1）知识目标

（1）能够阐释指针数据类型。

（2）能够说明指针变量的定义与引用方法。

（3）能够阐述指针与数组、字符串之间的联系。

（4）能够叙述动态内存分配和释放的方法。

（5）能够阐述带指针型参数和返回指针的函数的定义方法。

（6）能够熟练使用指针函数和函数指针。

2）能力目标

（1）能从内存的角度正确理解指针的含义与作用。

（2）能够正确地把握指针与数组、指针与函数之间的关系与应用。

3）思政与素养目标

（1）通过学习指针，告诉学生指向的重要性，鼓励学生要有坚定人生信仰。

（2）分析指针的值传递与地址传递的不同，引入内容与形式的辩证关系，指针是计算机内存的使用，是程序运行的生态环境，结合实际资源有限，培养保护环境、节约资源的社会责任感。

（3）通过学习多级指针，耐心分析指针的指向，培养耐心、细致、有条理的工作作风。

【学时分配】4 学时。

【教学内容】

（1）指针与指针变量的定义和引用；

（2）指针与数组；

（3）指针与字符串；

（4）指针与动态内存分配；

（5）多级指针；

（6）指针作为函数参数；

（7）指针与函数；

（8）带参数的 main 函数。

预处理命令

【教学目标】

1）知识目标

（1）能够说明#include、#define、#if、#ifdef、#else、#ifndef 和#endif 等命令的用法。

（2）能够说明宏定义的一般方法。

（3）能够叙述包含文件的处理方法。

（4）能够说明条件编译的作用和实现方法。

2）能力目标

（1）能充分理解 C 语言中预处理命令的含义与作用。

（2）能在程序中正确地使用预处理命令，特别是宏定义和条件编译。

3）思政与素养目标

（1）通过对预处理的学习，实现前期准备提高后期效率，引导学生在做任何事情之前，做好充足的准备，培养好习惯。

（2）分享一些因代码漏洞引发大规模网络安全事件的真实案例，组织学生分析其中预处理环节可能出现的问题，让学生撰写代码使用规范心得，深化责任意识。

【学时分配】2 学时。

【教学内容】

（1）预处理命令；

（2）宏定义；

（3）文件包含；

（4）条件编译。

复杂数据类型

【教学目标】

1）知识目标

（1）能够阐述结构体、共用体和枚举数据类型的定义方法。

（2）能够说明结构体、共用体和枚举变量的定义和引用方法。

（3）能够正确定义和应用结构数组。

（4）能够阐述指向结构的指针的概念及其应用。

（5）能够说明线性链表的创建、插入节点、删除节点和撤销节点的算法。

（6）能够使用复杂数据类型作为函数参数和返回值。

2）能力目标

（1）深刻领会结构体类型的实质及其应用领域。

（2）能够完成计算机等级考试中结构体相关的题目。

3）思政与素养目标

（1）通过学习复杂数据类型，引入“五十六个民族是一家”，激发爱国主义精神。

（2）在讲结构体时，通过不同的群体组合在一起，来培养学生的团队意识。

（3）通过学习线性表的线性存储和链式存储的特点，引导学生在人生的不同阶段，明确目标，精准定位，在人生的十字路口上，要做出正确又合理的选择。

【学时分配】4 学时。

【教学内容】

（1）复杂数据类型；

（2）结构体；

（3）线性链表；

（4）共用体；

（5）位域；

（6）枚举类型变量。

文　件

【教学目标】

1）知识目标

（1）能够阐释文件的概念。

（2）能够阐述文本文件与二进制文件的区别。

（3）能够描述文件指针的使用方法。

（3）能够掌握文件的打开、读写、定位以及关闭的方法。

（4）能够说明文件系统中有关文件操作的系统函数使用方法。

2）能力目标

（1）能够深刻认识文本文件与二进制文件的差异。

（2）能够分析读懂文件的打开、读写、定位及关闭的程序。

3）思政与素养目标

（1）通过学习文件的作用，突出资源共享和共同维护，提高团结协作意识。

（2）通过学习文件的读写操作过程，培养学生养成保存资料的意识，培养做事严谨认真的态度。

【学时分配】2 学时。

【教学内容】

（1）文件的基本概念；

（2）文件的类别；

（3）文件操作概述；

（4）文件指针；

（5）文件的打开、读写和关闭；

（6）文件的定位读写。

C 语言程序设计实验

C 语言程序设计基础

【教学目标】

1）知识目标

（1）能够叙述程序设计语言和 C 语言的发展及特点。

（2）能够阐释源程序、标识符、函数、参数、主函数、变量、函数调用、程序注释等概念。

（3）能够说明 C 语言程序的基本结构。

（4）能够掌握 C 语言编程的基本步骤和调试过程。

2）能力目标

（1）能够清楚C语言程序的基本结构及其有关的概念。

（2）能将简单的C语言程序上机调试通过。

3）思政与素养目标

（1）通过讲述C语言的发展史和C语言之父丹尼斯·里奇的故事，鼓舞学生向科学家致敬、学习。

（2）通过讲解C语言程序的基本结构，使学生初步建立计算思维（程序化思维），培养学生养成良好的编程习惯。

（3）通过调试程序培养学生面对问题时的自信、沉着、冷静的心理素质。

【学时分配】4学时。

【教学内容】

（1）程序设计语言；

（2）C语言的发展及其特点和应用；

（3）C语言程序的基本结构；

（4）C语言程序的编写；

（5）C语言程序的调试。

基本输入/输出和顺序程序设计

【教学目标】

1）知识目标

（1）能够描述各种类型数据的格式化输入/输出的方法。

（2）能够描述字符数据的非格式化输入/输出的方法。

2）能力目标

（1）能够灵活使用输入/输出函数实现各种数据类型数据的输入/输出。

（2）能够使用顺序结构解决实际问题。

3）思政与素养目标

（1）通过对顺序结构程序设计的学习，告诫学生做事应当循序渐进，不可急躁，提升个人素养。

（2）通过对程序设计习惯的学习，培养好的编程习惯。

【学时分配】4 学时。

【教学内容】

（1）格式化输出 printf 函数；

（2）格式化输入 scanf 函数；

（3）字符数据的非格式化输入/输出函数；

（4）顺序结构程序设计与实现。

选择结构程序设计

【教学目标】

1）知识目标

（1）能够描述 if 和 switch 语句的语法和功能。

（2）能够叙述选择结构程序的执行过程。

2）能力目标

能熟练使用 if 语句和 switch 语句进行选择结构程序设计来解决实际问题。

3）思政与素养目标

（1）使用选择结构解决实际问题，全面考虑所有可能的情况，促进建立全面考虑问题的思维模式。

（2）通过对选择结构的学习，教育学生在国家、集体利益与个人利益面前，要以国家、集体利益为先，培养学生以国家、集体利益为重的家国情怀。

【学时分配】4 学时。

【教学内容】

（1）if 语句和 switch 语句的应用；

（2）选择结构的程序设计实现。

循环结构的程序设计

【教学目标】

1）知识目标

（1）能够描述 while、do-while、for、goto、break、continue 语句的语

法和功能。

（2）能够理解顺序、选择和循环结构的使用场景。

2）能力目标

（1）能够熟练使用三大循环语句解决实际问题。

（2）具备混合控制结构程序设计的能力。

3）思政与素养目标

（1）通过学习“鸡兔同笼”问题的多种解决方式，让学生体会解决问题可以多方入手，“殊途同归”，引导学生树立正确的人生观与价值观。

（2）通过学习“杨辉三角形”程序设计，让学生体会中国古人为世界做出的巨大贡献，激发学生的民族自豪感、吃苦耐劳精神、创新精神。

【学时分配】 8 学时。

【教学内容】

（1）循环结构类型的选择及转换；

（2）循环结构程序设计举例；

（3）混合控制结构程序设计应用。

数　组

【教学目标】

1）知识目标

（1）能够阐述一维数组和二维数组的排序算法。

（2）能够描述使用数组处理字符数据的方法。

（3）能够熟练使用各种字符串库函数。

2）能力目标

（1）能掌握一维和二维数组应用的方法与技巧。

（2）能利用数组并结合已有有关知识来编制一定难度的 C 语言程序解决有关实际问题。

3）思政与素养目标

（1）通过分工合作，培养学生的团队意识，互帮互助，培养协作意识。

（2）借助实例详细分析冒泡法实现排序的过程，鼓励学生创新，设计新算法。

【学时分配】6 学时。

【教学内容】

（1）一维数组的应用；

（2）二维数组的应用；

（3）数组综合应用举例。

函　数

【教学目标】

1）知识目标

（1）能够掌握各种函数的定义、原型声明和调用的方法。

（2）能够描述递归的思想。

2）能力目标

（1）能够利用函数编写程序解决实际问题。

（2）能够从结构化程序设计的角度来使用函数编程解决实际问题。

3）思政与素养目标

（1）学习递归函数，通过对复杂程序的调试可以锻炼学生的耐心和毅力。

（2）通过学习函数，培养模块化程序设计思维，培养团结合作意识。

【学时分配】4 学时。

【教学内容】

（1）函数的编程应用；

（2）函数的嵌套和递归调用；

（3）函数应用综合举例。

指　针

【教学目标】

1）知识目标

（1）能够阐述指针变量的使用。

（2）能够使用指针引用数组及字符串。

（3）能够熟练使用带指针型参数和返回指针的函数。

（4）能够叙述函数指针的使用。

2）能力目标

（1）能够熟练使用指针。

（2）能够利用指针编程来处理有关问题。

3）思政与素养目标

（1）通过学习克里斯托弗·亚历山大的故事，鼓励学生攻坚克难，培养坚韧不拔的毅力和顽强拼搏的精神。

（2）列举因指针使用不当引发航天、医疗等关键领域软件故障的真实案例，组织学生分析错误根源，撰写调试心得，强化严谨治学的态度。

【学时分配】6 学时。

【教学内容】

（1）指针与指针变量的定义和引用；

（2）指针与数组的应用；

（3）指针与字符串的应用；

（4）指针与函数的应用。

复杂数据类型

【教学目标】

1）知识目标

（1）能够熟练使用结构体、共用体和枚举数据类型。

（2）能够列举结构体的使用场景。

2）能力目标

（1）能运用复杂数据类型并结合已有知识来编写简单应用程序。

（2）完成计算机等级考试中的相关题目。

3）思政与素养目标

（1）通过任务驱动教学，穿插对信息资源的认识，提高安全意识。

（2）以结构体为例，它允许将不同类型的数据成员组合在一起，来描述一个具有多种属性的实体，这就如同看待现实生活中的事物一样，一个客观物体往往具有多个维度的特征，它们相互联系构成整体。引导学生认识到要用联系的眼光看待数据，理解各数据成员在结构体这个“小集体”

中的协同作用，培养辩证统一的思维方式。

【学时分配】2 学时。

【教学内容】

复杂数据类型应用综合举例。

文　　件

【教学目标】

1）知识目标

（1）能够列举常用的文件操作。

（2）能够熟练使用文件操作函数。

2）能力目标

（1）能够利用 C 语言中文件操作的有关函数编制文件操作的有关程序。

（2）完成计算机等级考试中文件操作的相关题目。

3）思政与素养目标

（1）通过综合应用的编程训练，培养学生在解决比较复杂的问题时，把握全局、统筹规划的能力。

（2）鼓励学生探索新的文件操作技术和方法，关注行业的最新发展动态。例如，了解分布式文件系统、云存储等新兴技术中的文件操作方式，引导学生思考如何将这些新技术应用到实际项目中。

【学时分配】2 学时。

【教学内容】

文件应用综合举例。

4. 教学方法

本课程主要采用课堂讲授方法，适当配合使用线上线下混合教学。在课堂讲授中可根据教学目标、教学内容和学生状态等采用启发式、案例式、探究式等方式，同时注重课程思政与学科前沿的有机结合。实验教学中适当采用小组讨论和师生角色互换的方式。

2.3 计算机组成原理

1. 课程一般情况

课程名称：计算机组成原理

课程性质：必修课

课程学时：总学时 54，其中理论 54 学时

课程学分：3 学分

开课学期：第三学期

前驱课程：计算机应用基础、C 语言程序设计

计算机组成原理从计算机的基本概念、基本组成及基本体系结构分析着手，对计算机的各个基本组成部件及控制单元的工作原理进行讨论[21]，使学生掌握有关软、硬件的基本知识，尤其是各基本组成部件连接构成整机系统的方法，重点培养学生对计算机系统的分析、设计、开发和使用能力。

2. 教学总目标

1）知识目标

（1）能够描述计算机的发展历程，简述计算机应用，识别计算机的系统层次结构，详述计算机硬件的基本组成和计算机软件的分类，说明冯诺依曼计算机的特点，描述计算机的基本工作过程，列举并比较计算机性能评价指标。

（2）能够阐释总线的基本概念，列举总线的分类，简述总线的结构，说明总线的特性和性能指标，能对总线判优的常用方法进行归纳和比较，能对总线通信控制的常用方法进行归纳和比较。

（3）能够阐释存储器概念，解释使用存储层次结构的原因，描述各存储层次特点，列举存储器的分类，概述各类存储器的基本工作原理，会进行存储器与中央处理器（central processing unit，CPU）的连接，归纳提高

访存速度的方法，分析使用高速缓存的原因，列举高速缓存与主存映射的三种方法，比较其优缺点。

（4）能够阐释输入/输出（input/output，I/O）系统的基本概念，列举各种外部设备，包括输入设备、输出设备、外存储器，能描述I/O接口的功能和组成，列举接口的类型，阐释程序查询方式、程序中断方式、直接内存访问（direct memory access，DMA）方式的基本概念，对比其工作原理。

（5）能够阐释进制的概念，能进行进制数间相互转换，能阐释真值和机器数的概念及其表示方法和相互关系，说明计算机中数据的原码、反码、补码的定义，能解释在计算机中对数据进行定点表示和浮点表示的原因，能进行定点和浮点的运算，描述算术逻辑单元（arithmetic and logic unit，ALU）的功能和结构。

（6）能够阐释指令和指令系统的概念，分析指令的格式和列举各种寻址方式，比较数据寻址和指令寻址，阐释复杂指令系统计算机（complex instruction set computing，CISC）和精简指令系统计算机（reduced instruction set computer，RISC）的基本概念，并比较各自特点。

（7）能够描述CPU的功能和基本结构，以及概述其工作原理，能阐释流水线的基本概念，使用流水线的优势，描述影响流水线的因素，能阐释中断的概念和中断屏蔽的概念，分析中断响应过程、中断处理过程、多重中断过程。

（8）能够阐释时钟周期、机器周期、指令周期的概念，能描述取址周期、间址周期、执行周期、中断周期的微操作命令，能详述控制单元的特性、控制方式，能用组合逻辑方法设计控制单元，能用微程序设计方法设计控制单元。

2）能力目标

（1）能够运用计算机组成的基本原理和基本方法，对有关计算机硬件系统中的理论和实际问题进行计算、分析。

（2）能够对计算机组成的一些基本部件，例如ALU和控制单元（control unit，CU）等进行简单设计。

（3）具有运用计算机组成原理的知识推动后续课程的学习的能力，有利用计算机系统处理复杂工程问题的能力。

（4）具备一定的自主学习能力和科学的思维习惯。

（5）能够在语言表达与沟通、团队合作、获取信息和健康促进方面得到一定的锻炼和提高。

3）思政与素养目标

（1）促进民族自信、文化自信和专业自信，培养大国工匠精神。

（2）践行社会主义核心价值观，爱国、奉献、诚信、友善。

（3）树立自主学习和终身学习的观念，认识到持续自我完善的重要性，不断追求卓越。

（4）培养探索未知、追求真理、勇攀科学高峰的责任感和使命感，增强创新意识。

（5）提高正确认识问题、分析问题、解决问题的能力，培养科学思维。

3. 教学内容及具体目标

计算机组成原理理论

计算机系统概论

【教学目标】

1）知识目标

（1）能够阐释计算机软件、硬件概念。

（2）能够识别计算机的系统层次结构。

（3）能够详述计算机硬件的基本组成、计算机软件的分类，描述计算机的基本工作过程。

（4）能够列举并比较计算机性能评价指标。

（5）能够说明冯诺依曼计算机的特点。

（6）简述计算机的发展与应用。

2）能力目标

（1）能够对计算机的性能进行评价，并能分析、计算相关参数。

（2）能够将计算机组成原理课程与专业培养目标建立初步联系。

3）思政与素养目标

（1）计算机的组成以存储器为中心，在控制器的控制下工作，每个部分是个体，也是整体的不可或缺的部分，各部分共同协调工作。通过学习，树立大局意识，增强团队精神。

（2）计算机由硬件系统和软件系统组成，硬件发生变化时对软件会产生影响，不同软件对硬件有不同需求。通过学习，认识到相互依存关系中协同发展的重要性。

【学时分配】4 学时。

【教学内容】

（1）计算机系统简介；

（2）计算机的基本组成；

（3）计算机硬件的主要技术指标；

（4）计算机的发展与应用。

系 统 总 线

【教学目标】

1）知识目标

（1）能够阐释总线的基本概念和功能。

（2）能够列举总线的分类，简述总线的结构。

（3）能够说明总线的特性和性能指标。

（4）能够对判优控制的常用方法进行归纳和比较。

（5）能够对通信控制的常用方法进行归纳和比较。

2）能力目标

（1）能够对总线的性能进行评价，并能分析、计算相关性能指标。

（2）能够区分各类总线。

3）思政与素养目标

（1）通过学习总线内容，提高正确认识问题、分析问题、解决问题的能力，培养科学思维。

（2）通过学习总线的发展历程，培养探索未知、追求真理、勇攀科学高峰的责任感和使命感，增强创新意识。

【学时分配】4 学时。

【教学内容】

（1）总线的基本概念；

（2）总线的分类；

（3）总线特性及性能指标；

（4）总线结构；

（5）总线判优控制；

（6）总线通信控制。

存　储　器

【教学目标】

1）知识目标

（1）能阐释存储器概念。

（2）能够解释使用存储层次结构的原因。

（3）能够列举存储器的分类。

（4）能够概述各类存储器的基本工作原理。

（5）能够进行存储器与 CPU 的连接。

（6）能够归纳提高访存速度的方法。

（7）能够阐释高速缓存概念，分析使用高速缓存的原因。

（8）能够列举高速缓存与主存映射的三种方法，并比较其优缺点。

2）能力目标

（1）能够根据需求，对存储芯片进行选择，并绘制 CPU 与存储器的连接图。

（2）能够设计简单的存储层次结构。

3）思政与素养目标

（1）通过对存储器的体系结构与分层原则的学习，提高正确认识问题、分析问题和解决问题的能力，培养科学思维。

（2）通过对高速缓存与主存映射的三种方法的学习，培养科研方法论、关联思维和科学精神。

（3）通过介绍只读存储器（read-only memory，ROM）的演变历程，揭示需求是科学进步的动力，让学生体会中华民族的伟大复兴是学习和工作的动力。

【学时分配】10学时。

【教学内容】

（1）存储器的分类；

（2）存储器的层次结构；

（3）主存储器；

（4）高速缓冲存储器。

输入/输出系统

【教学目标】

1）知识目标

（1）能够阐释I/O系统的基本概念。

（2）能够列举各种外部设备，包括输入设备、输出设备、外存储器，并概述其功能。

（3）能够描述I/O接口（I/O控制器）的功能和组成。

（4）能够阐释程序查询方式的基本概念，概述工作原理和工作过程，说明接口电路的组成。

（5）能够阐释程序中断方式的基本概念，概述工作原理和工作过程，说明接口电路的组成。

（6）能够阐释DMA方式的基本概念，概述工作原理和工作过程，说明接口电路的组成。

2）能力目标

（1）能够对输入/输出系统接口电路进行分析，根据需要进行简单设计。

（2）能够对总线、存储器、输入/输出进行联合分析。

3）思政与素养目标

（1）通过对输入/输出系统的设备连接方式进行不断的学习，树立创新意识，培养科学思维。

（2）通过对信息传送的控制方式的学习，提高正确认识问题、分析问题、解决问题的能力。

【学时分配】6 学时。

【教学内容】

（1）输入/输出系统的组成；

（2）I/O 设备；

（3）I/O 接口组成和功能；

（4）程序查询方式；

（5）程序中断方式；

（6）DMA 方式。

计算机的运算方法

【教学目标】

1）知识目标

（1）能够阐释进制的概念，能够进行进制数间相互转换。

（2）能够阐释真值和机器数概念，原码、反码、补码的定义，机器数的表示方法及相互转换。

（3）能够对数进行定点表示和浮点表示，对定点表示和浮点表示进行比较。

（4）能够理解定点运算的原则，分析其电路组成。

（5）能够理解浮点运算的原则，分析其电路组成。

（6）能够描述算术逻辑单元 ALU 的功能和结构。

2）能力目标

（1）能够计算机器数的范围。

（2）能够设计移位运算、加减运算的电路和设计简单的 ALU。

3）思政与素养目标

（1）通过学习超算计算机的排名，培养家国情怀，促进民族自信、文化自信和专业自信。

（2）通过学习二进制不能精确地表示十进制，培养严谨的科学态度。

【学时分配】10 学时。

【教学内容】

（1）无符号数；

（2）有符号数；

（3）定点表示；
（4）浮点表示；
（5）IEEE 标准；
（6）定点运算；
（7）浮点运算；
（8）算术逻辑单元。

指 令 系 统

【教学目标】

1）知识目标

（1）能阐释指令和指令系统的概念。

（2）能够解释指令的格式，列举设计指令格式考虑的因素，列举各种寻址方式。

（3）能够比较数据寻址和指令寻址。

（4）能够阐释 CISC 和 RISC 的基本概念。

（5）能够简述 CISC 的主要特征，比较 CISC 和 RISC。

2）能力目标

（1）能够根据需要，设计指令系统。

（2）能够分析各种寻址方式。

3）思政与素养目标

（1）讲述从华罗庚组建的团队自行设计指令系统，到今天的天河二号、神威太湖之光等超算计算机，促进民族自信、文化自信和专业自信。

（2）通过学习各类寻址方式，认识到相互依存、协同发展的重要性。

【学时分配】4 学时。

【教学内容】

（1）机器指令；
（2）操作数；
（3）寻址方式；
（4）RISC 技术。

CPU 的结构和功能

【教学目标】

1）知识目标

（1）能够概述 CPU 的功能和绘制基本结构图，简述工作原理。

（2）能够阐释指令周期的概念，描述指令周期的数据流。

（3）能够阐释流水线的基本概念，使用流水线的优势，分析影响流水线的因素，描述流水线的结构。

（4）能够阐释中断的概念和中断屏蔽的概念，分析中断响应过程、中断处理过程、多重中断过程。

2）能力目标

（1）能够分析和设计 CPU 结构。

（2）能够分析和设计流水线。

（3）能够分析中断，计算中断屏蔽字。

3）思政与素养目标

（1）通过比较 AMD 和 Intel 国内外芯片的差距，介绍纳米的光刻机受制于人和中国芯片的现状，激发爱国主义精神和大国工匠精神。

（2）介绍兵马俑中的流水线技术来激发爱国主义热情和民族自信。

【学时分配】6 学时。

【教学内容】

（1）CPU 的结构；

（2）指令周期的概念和数据流；

（3）指令流水；

（4）中断系统。

控 制 单 元

【教学目标】

1）知识目标

（1）能够阐释时钟周期、机器周期和指令周期的概念。

（2）能够写出取址周期、间址周期、执行周期、中断周期的微操作命令。

（3）能够详述控制单元的特性，简述其控制方式。

（4）能够分析组合逻辑设计方法。

（5）能够简述微程序设计思想。

2）能力目标

（1）能够用组合逻辑方法分析和设计 CU。

（2）能够用微程序设计方法分析和设计 CU。

3）思政与素养目标

（1）通过对华为鸿蒙操作系统开发的学习，树立自主学习和终身学习的观念，认识到持续自我完善的重要性，并不断追求卓越。

（2）介绍国产 CPU 的发展历程以及所面临的技术、材料和工艺等方面的情况，鼓励学生刻苦学习，培养大国工匠精神。

【学时分配】6 学时。

【教学内容】

（1）微操作命令的分析；

（2）控制单元的功能；

（3）组合逻辑的设计；

（4）微程序的设计。

4. 教学方法

本课程主要采用课堂讲授方法，适当配合使用线上线下混合教学。在课堂讲授中可根据教学目标、教学内容和学生状态等采用启发式、案例式、探究式等方式，同时注重课程思政与学科前沿的有机结合。

2.4　数据结构与算法

1. 课程一般情况

课程名称：数据结构与算法

课程性质：必修课

课程学时：总学时 72，其中理论 32 学时，实验 40 学时，理论与实验学时比为 1:1.25

课程学分：3.5 学分

开课学期：第四学期

前驱课程：C 语言程序设计、高等数学

数据结构与算法是介于数学、计算机硬件和计算机软件三者之间的一门核心课程，在计算机科学中，数据结构不仅是一般程序设计（特别是非数值计算的程序设计）的基础，而且是设计和实现编译程序、操作系统、数据系统及其他系统程序和大型应用程序的重要基础。数据结构与算法课程要求学生学会分析和研究需解决的问题中的数据的特性，为其选择合适的数据结构来描述，在此数据结构的基础上写出相应的算法，并初步掌握算法的时间复杂度和空间复杂度的分析技术。[22]另外，通过本课程的学习，培养和训练学生编写复杂程序的能力，要求编写的程序结构清楚、正确易读，符合软件工程的规范，使学生的编程能力有一个质的提高。

2. 教学总目标

1）知识目标

（1）能够阐释数据结构的定义和基本概念，包括数据元素、数据项、数据对象等。

（2）能够对比各种常见数据结构，如数组、链表、栈、队列、树、图等，了解它们的特点和应用场景。

（3）描述数据结构的两种常见存储结构，即顺序存储和链式存储，以及它们的优缺点。

（4）解释算法的定义和基本概念，包括输入、输出、明确性、有穷性和确定性等特点。

（5）能够分析各种常见算法，如查找、排序、递归、贪心算法等，了解它们的原理和应用场景。

（6）说明算法的时间复杂度和空间复杂度，掌握如何分析算法的执行效率和资源消耗。

（7）理解数据结构和算法之间的关联，了解如何根据问题的特性选择合适的数据结构和算法。

2）能力目标

（1）定义各种常见数据结构的基本操作，包括插入、删除、查找等，能够实现数据结构的基本功能。

（2）能够设计和实现各种常见算法，包括查找算法、排序算法、递归算法等，解决不同类型的问题。

（3）引导学生将学到的数据结构和算法应用于实际问题中，解决计算机科学与工程领域的实际应用问题。

（4）分析算法的时间复杂度和空间复杂度，评估算法的执行效率和资源消耗。

（5）引导将实际问题抽象为数据结构与算法的问题，运用所学知识解决问题，并进行合理的优化。

3）思政与素养目标

（1）可以通过团队项目和合作作业，培养学生合作、协作的意识，注重团队合作能力的培养。

（2）在数据结构实现过程中，强调代码规范性，培养学生遵循规范，写出清晰、易读和易维护的代码。

（3）数据结构教学应该注重培养学生问题分析与解决的能力，通过实际编程练习，提高学生解决实际问题的能力。

（4）在数据结构实验和项目中，强调学术诚信，防止抄袭和剽窃行为，培养学生学术道德和诚信意识。

（5）通过数据结构教学，培养学生实事求是、探索真理、求实创新的科学精神，尊重数据结构的规律和特性。

3. 教学内容及具体目标

数据结构与算法理论

数据结构概述

【教学目标】

1）知识目标

（1）解释数据结构的概念，包括数据和数据元素的概念，以及数据之间的逻辑关系。

（2）理解常见的数据结构，如数组、链表、栈、队列、树和图等，以及它们的特点和应用场景。

（3）理解数据结构和算法之间的关系，以及如何选择合适的数据结构来解决特定的算法问题。

2）能力目标

（1）能够根据实际问题的需求，选择合适的数据结构来组织和存储数据。

（2）能够用编程语言实现常见的数据结构，并掌握其基本操作，如插入、删除和查找等。

（3）分析数据结构的时间复杂度和空间复杂度，评估其性能优劣。

3）思政与素养目标

（1）培养学生实事求是的态度，了解数据结构在计算机科学中的重要性和实际应用。

（2）鼓励学生在学习数据结构的过程中，思考如何优化数据结构和算法，提高计算效率。

（3）引导学生在使用数据结构和算法时，尊重计算机资源和环境，注重信息安全和隐私保护。

【学时分配】4 学时。

【教学内容】

（1）数据结构中的基本概念和术语；

（2）抽象数据类型；

（3）算法与算法分析。

线 性 表

【教学目标】

1）知识目标

（1）阐释线性表的定义，理解线性表中元素之间的顺序关系和特点。

（2）应用线性表的基本操作，包括插入、删除、查找等基本操作，以及线性表的初始化和销毁。

（3）了解线性表的顺序存储和链式存储两种实现方式，以及它们的优缺点。

（4）了解线性表在实际问题中的应用，如数组、链表、堆栈等。

2）能力目标

（1）能够用编程语言实现线性表的基本操作，包括插入、删除、查找等。

（2）能够根据实际问题的需求，选择合适的线性表实现方式，如数组或链表。

（3）具备分析线性表操作的时间复杂度和空间复杂度的能力，评估线性表的性能。

3）思政与素养目标

（1）了解线性表的定义和应用，培养学生实事求是的态度，注重数据结构的实际应用价值。

（2）鼓励学生在学习线性表的过程中，思考如何优化线性表的实现，提高程序的效率。

【学时分配】4学时。

【教学内容】

（1）线性表的概念；

（2）线性表的顺序存储和实现；

（3）线性表的链式存储和实现；

（4）循环链表和双向链表；

（5）线性表的具体应用。

栈

【教学目标】

1）知识目标

（1）阐释了解栈是一种线性表，具有 LIFO 特性，即最后入栈的元素最先出栈。

（2）使用栈的基本操作，包括入栈（push）、出栈（pop）、栈顶元素访问（top）和判断栈是否为空等。

（3）探索栈在计算机领域的常见应用，如函数调用、括号匹配、表达式求值等。

2）能力目标

（1）实现栈的基本操作，能够用编程语言实现栈的基本操作，包括入栈、出栈等。

（2）应用栈解决问题，具备使用栈解决实际问题的能力，如判断括号是否匹配、进行表达式求值等。

（3）分析栈的复杂度，能够分析栈的操作的时间复杂度和空间复杂度，评估栈的性能。

3）思政与素养目标

（1）鼓励学生在学习栈的过程中，思考如何利用栈的特性解决问题，提高创新能力。

（2）在栈的操作过程中，强调遵循栈的操作规则和边界条件，培养代码规范性。

【学时分配】4 学时。

【教学内容】

（1）栈；

（2）顺序存储和链式存储；

（3）栈在计算机科学中的常见应用；

（4）栈操作的时间复杂度和空间复杂度；

（5）栈的实例。

队　列

【教学目标】

1）知识目标

（1）队列的定义，说明队列是一种线性表，具有FIFO特性，即最先入队的元素最先出队。

（2）使用队列的基本操作，包括入队（enqueue）、出队（dequeue）、队头元素访问（front）和判断队列是否为空等。

（3）分析队列在计算机领域的常见应用，如任务调度、消息传递等。

2）能力目标

（1）能够用编程语言实现队列的基本操作，包括入队、出队等。

（2）具备使用队列解决实际问题的能力，如实现任务调度、处理消息等。

（3）分析队列操作的时间复杂度和空间复杂度，评估队列的性能。

3）思政与素养目标

（1）队列作为一种重要的数据结构，常用于任务调度、消息传递等场景，培养学生合作、协作的意识，注重团队协作能力的培养。

（2）引导学生了解队列在实际生活和社会中的应用，如公共交通调度、服务排队等，培养学生关注社会责任。

【学时分配】4学时。

【教学内容】

（1）队列的基本概念和特性；

（2）队列的基本操作；

（3）队列的顺序存储和链式存储；

（4）循环队列的概念、实现原理和优势；

（5）队列各种操作的时间复杂度和空间复杂度；

（6）队列的实例。

树和二叉树

【教学目标】

1）知识目标

（1）能够熟练且准确地描述树、二叉树和森林的定义，能准确地叙述结点、度、路径树的路径长度等专业术语，了解树的常用表示方法。

（2）理解并记忆二叉树的 5 个基本性质，能根据其性质解决相关问题，理解二叉树的顺序和链式存储结构，并能清楚描述其适用情况。

（3）理解并记忆二叉树的 4 种遍历方式，能熟练得到二叉树的所有遍历序列，也可以根据遍历序列得到唯一的二叉树，了解线索二叉树与二叉树遍历之间的关系。

（4）理解哈夫曼树的基本概念，记忆哈夫曼树的构造过程，能熟练解决哈夫曼编码的问题。

（5）说明树的常见存储结构，熟悉树、二叉树和森林之间的转换过程。

2）能力目标

（1）能够灵活运用理论知识，熟练解决二叉树遍历问题，包括给出二叉树得到遍历序列、根据遍历序列得到唯一二叉树。

（2）根据哈夫曼树的性质，解决哈夫曼编码问题，并能实现哈夫曼编码算法。

3）思政与素养目标

（1）二叉树是非常重要的一种非线性数据结构，它与家族图谱、企业职能部门关系等有着密切关系，通过简单、熟悉的例子让同学们理解、掌握枯燥复杂的数据结构，一方面可以增强学生的学习兴趣，另一方面还可以引导学生思考，往往最深奥的道理来源于最简单的生活，提醒学生观察生活，学习生活中的智慧。

（2）学习哈夫曼编码的应用及算法实现，让学生们体会最优的概念，解决问题的方法有很多，耗时少、耗费小的方法是在不断比较和改进过程中得到的。

【学时分配】 6 学时。

【教学内容】

（1）树；

（2）二叉树；

（3）二叉树的存储结构；

（4）二叉树的遍历；

（5）线索二叉树；

（6）哈夫曼树及其应用；

（7）树与森林。

图

【教学目标】

1）知识目标

（1）理解并记忆图的定义和基本术语，例如有向图和无向图、邻接、顶点的度、连通、子图等，能准确叙述并记忆图的常用存储结构，能清楚概述不同存储结构间的区别。

（2）理解并记忆图的遍历方式，能够熟练得到图的遍历序列。

（3）能够理解并概述图的连通性与遍历之间的关系，概述生成树与连通图、子图之间的关系，理解并记忆最小生成树的概念，能够用最小生成树的经典算法得到图的最小生成树。

（4）对于有向无环图，能够熟练、准确地得到其拓扑序列和关键路径。

（5）能够清楚概述最短路径的概念，并熟练找到某结点到其他结点的最短路径。

2）能力目标

（1）能够熟练解决图的遍历问题，根据图给出邻接矩阵和邻接表。

（2）根据图的遍历，能够熟练掌握最小生成树的得到过程，实现常见的最小生成树的算法，在此过程中体会贪心算法。

（3）理解拓扑排序和最短路径的基本概念，能够解决简单的工程问题，例如找到 AOV 网的拓扑序、找到 AOE 网的关键路径。

（4）掌握图中求解某结点出发最短路径的问题，体会经典算法的设计思想。

（5）根据图的性质能够解决现实生活中的某些问题，例如设计最经济的旅游路线等。

3）思政与素养目标

（1）图是数据结构中最复杂的一种，与日常生活关系密切，例如在疫情时代流调人员排查密接人员图，让学生体会流调工作人员的辛苦，学会尊重别人的付出与劳动。

（2）对于图中最重要的应用之一最短路径问题，联系疫情时期快递配送人员通过寻找最短路径在最短时间送达货物，让学生感受平凡工作的意义和职业使命感，学会感恩，懂得奉献。

【学时分配】6 学时。

【教学内容】

（1）图的引例、图的定义、图的基本术语；

（2）图的存储结构；

（3）图的遍历；

（4）图的连通性问题；

（5）有向无环图及其应用；

（6）最短路径。

查　找

【教学目标】

1）知识目标

（1）理解并记忆查找的基本概念，能准确概述静态查找和动态查找的不同及各自适用情况。

（2）记忆顺序表查找、有序表查找等常见的静态查找算法。

（3）记忆二叉排序树等动态查找算法。

（4）理解哈希表的基本概念，记忆常见哈希函数的构造方法和处理冲突的方式。

（5）能够准确描述常见查找算法的适用情况并解决相应问题。

2）能力目标

（1）根据不同查找方法的优缺点，能选择合适的一种或多种查找方法解决问题，设计算法并实现。

（2）体会最优的概念，在算法选择和设计过程中，只能在一定前提下选择最恰当的方法，不存在一种算法对所有问题都是最优解。

3）思政与素养目标

（1）查找在日常生活中经常会出现，比如浏览器查找信息、图书馆查找图书、社交媒体查找等，在实现上述目的的过程中都会使用到经典的查找算法，在此引导学生思考，尝试选取所学的查找算法，设计解决问题的方案，激发学生的探索精神和创新意识。

（2）每一种查找算法都有适用的前提要求，这也提醒同学们注意，在解决问题时一定要注意前提条件，否则这个问题或许根本无解。

【学时分配】2学时。

【教学内容】

（1）静态查找表；

（2）动态查找表；

（3）哈希表。

排　序

【教学目标】

1）知识目标

（1）阐释排序的基本概念，记忆专业术语。

（2）理解内部排序和外部排序的差别，能够清楚概述插入排序、交换排序和选择排序的实现过程及适用情况，了解归并排序的基本思路。

（3）能够概述不同排序方法之间的区别。

2）能力目标

（1）根据不同排序方法的特点，能够选择合适的一种或多种排序方法解决问题，设计算法并实现。

（2）体会最优的概念，在算法选择和设计过程中，只能在一定前提下选择最恰当的方法，不存在一种算法对所有问题都是最优解。

3）思政与素养目标

（1）排序是日常生活中非常普遍的问题，日常解决问题时，总会根据自己固定的思维模式选择效率较低的算法，比如直接插入排序，通过多种排序算法的学习提醒学生要多思考，设计问题解决方案时要追求最优解，激发学生的探索精神和创新意识。

（2）每一种排序算法都有适用的前提要求，这也提醒同学们注意，在解决问题时一定要注意前提条件。

【学时分配】2 学时。

【教学内容】

（1）排序；

（2）插入排序；

（3）交换排序；

（4）选择排序；

（5）归并排序；

（6）各种内部排序方法的比较。

数据结构与算法实验

线性表的各种基本操作的实现

【教学目标】

1）知识目标

（1）能够描述线性表的特点和基本概念，如元素、长度、空表等。

（2）能够描述线性表的顺序存储结构，对比数组作为顺序存储结构的优缺点。

（3）能够描述线性表的链式存储结构，对比链表作为链式存储结构的优缺点。

（4）能够描述线性表插入操作的方法，包括在指定位置插入元素和在表尾插入元素。

（5）能够描述线性表删除操作的方法，包括删除指定位置的元素和删除指定值的元素。

（6）能够描述线性表查找操作的方法，包括按值查找和按位置查找元素。

（7）能够描述线性表遍历操作的方法。

（8）能够描述线性表修改操作的方法。

（9）分析线性表在顺序存储结构下的动态扩容和缩容操作。

2）能力目标

（1）通过实验深入理解线性表的定义、特点和基本概念，如元素、长度、空表等。

（2）熟练使用数组作为线性表的顺序存储结构，了解数组的优缺点以及如何实现线性表的基本操作。

（3）使用链表作为线性表的链式存储结构，了解链表的优缺点以及如何实现线性表的基本操作。

（4）实现线性表的插入操作，包括在指定位置插入元素和在表尾插入元素；实现线性表的删除操作，包括删除指定位置的元素和删除指定值的元素；实现线性表的查找操作，包括按值查找和按位置查找元素。

（5）实现线性表的遍历操作，访问线性表中的每个元素。

（6）实现线性表的修改操作，修改指定位置或指定值的元素。

（7）了解线性表在顺序存储结构下的动态扩容和缩容操作，并能够实现相应的算法。

3）思政与素养目标

（1）通过线性表实验，培养学生实事求是、探索真理和求实创新的科学精神，注重数据结构在计算机科学中的实际应用价值。

（2）鼓励学生在线性表实验中，积极思考如何优化算法，改进实现方式，培养创新意识和解决问题的能力。

【学时分配】6 学时。

【教学内容】

（1）线性表的顺序表示及基本操作方法；

（2）线性表的链表表示及基本操作方法；

（3）一元多项式的表示及相加；

（4）编写代码实现线性表的各种操作；

（5）撰写实验报告。

栈的基本操作应用

【教学目标】

1）知识目标

（1）能够描述栈的定义和基本特点，理解栈的“先进后出”的特性。

（2）能够描述栈的顺序存储结构，分析使用数组实现栈的优缺点。

（3）能够描述栈的链式存储结构，分析使用链表实现栈的优缺点。

（4）能够描述栈的基本操作，包括入栈（push）和出栈（pop）操作，以及获取栈顶元素（top）的操作。

（5）能够描述分析栈在计算机科学与工程领域的实际应用场景，如括号匹配、函数调用、表达式求值等。

（6）通过实验，学习栈的应用，如使用栈实现表达式求值、括号匹配等问题。

（7）分析栈在顺序存储结构下的动态扩容和缩容操作，以及如何实现相应的算法。

（8）学习如何在编程环境中实现栈的操作和相关算法。

2）能力目标

（1）实现栈的入栈（push）操作，在栈顶插入新元素。

（2）实现栈的出栈（pop）操作，从栈顶移除元素并返回该元素的值。

（3）获取栈顶元素（top）的操作，获取栈顶元素的值但不移除该元素。

（4）判断栈是否为空的操作，即栈是否没有元素。

（5）了解栈在顺序存储结构下的动态扩容和缩容操作，能够实现相应的算法。

3）思政与素养目标

（1）引导学生了解栈的实际应用场景，培养学生的社会责任和积极解决社会问题的意识。

（2）在实验过程中，强调学术诚信，防止抄袭和剽窃行为，培养学生遵守学术道德的意识。

【学时分配】4 学时。

【教学内容】

（1）栈的“先进后出”特性；

（2）使用数组实现栈的操作和算法；

（3）使用链表实现栈的操作和算法；

（4）栈的基本操作。

栈的应用——括号匹配检测

【教学目标】

1）知识目标

（1）确定使用哪种数据结构实现栈，可以选择数组或链表作为栈的存储结构，并设计栈的基本操作。

（2）设计算法来检测括号匹配情况。可以通过遍历字符串的每个字符，如果是左括号则入栈，如果是右括号则与栈顶元素匹配，若匹配则出栈，若不匹配则括号不匹配。

（3）根据设计的栈数据结构和算法，实现栈的基本操作，包括入栈、出栈、获取栈顶元素等操作。

（4）使用栈实现括号匹配检测算法，遍历给定字符串，进行括号匹配检测。

（5）使用编程语言编写实验所需的代码，包括栈的数据结构和括号匹配检测算法的实现。

2）能力目标

（1）实现栈的基本操作，包括入栈、出栈、获取栈顶元素等操作。

（2）理解括号匹配问题，括号匹配问题的定义，了解不同类型的括号及其匹配规则。

（3）设计算法，使用栈来检测给定字符串中括号的匹配情况，掌握解决实际问题的算法设计能力。

（4）掌握栈的数据结构和相关算法，了解栈在实际问题中的应用。

（5）使用编程语言将栈的数据结构和括号匹配检测算法实现为可执行的代码。

3）思政与素养目标

（1）学习到栈的基本操作和应用，培养解决实际问题的能力，提高编程实践能力以及撰写实验报告和数据分析的能力。

（2）为学生将来的学术研究和工程实践打下坚实的基础，实验的设计与分析也能激发学生的创新意识和求知欲，培养科学精神和实践能力。

【学时分配】2 学时。

【教学内容】

（1）括号匹配问题；

（2）栈的特点和基本操作；

（3）使用数组和链表实现栈的基本操作；

（4）使用栈来检测括号匹配算法。

队列的基本操作

【教学目标】

1）知识目标

（1）能够描述队列的基本概念和定义，理解队列的“先进先出”特性，即队列中的元素按照插入的顺序出队列。

（2）能够描述队列的顺序存储结构，了解使用数组实现队列的基本操作和算法。

（3）能够描述队列的链式存储结构，包括使用链表实现队列的基本操作和算法。

2）能力目标

（1）掌握队列的基本操作，包括入队列（enqueue）和出队列（dequeue）操作，以及获取队头元素（front）的操作。

（2）理解循环队列的定义和实现方式，掌握循环队列的入队列和出队列操作。

（3）能够判断队列是否为空，即队列中是否有元素。

（4）能够判断队列是否已满，当使用顺序存储实现时，队列满的条件是数组的空间已全部占用。

（5）在顺序存储实现时，如何实现队列的动态扩容，以确保队列的容量不会限制其功能。

3）思政与素养目标

（1）学习队列的基本操作和应用，培养解决实际问题的能力，提高编程实践能力，以及数据分析的能力。

（2）了解循环队列和动态扩容的实现方式，为学习更复杂的队列相关知识和算法打下坚实的基础。

【学时分配】4学时。

【教学内容】

（1）队列；

（2）使用数组实现队列的基本操作和算法；

（3）使用链表实现队列的基本操作和算法；

（4）队列的基本操作；

（5）循环队列的入队列和出队列操作；

（6）判断队列是否为空；

（7）判断队列是否已满。

队列的基本操作

【教学目标】

1）知识目标

（1）理解队列的定义与特点，以及“先进先出”的特性。

（2）列举队列的基本操作，包括入队列（enqueue）和出队列（dequeue）操作。

（3）阐释循环队列的概念和实现方式，解决队列顺序存储的空间浪费问题。

（4）理解打印任务模拟的概念和过程，包括打印任务的到达、入队列、出队列和完成等。

2）能力目标

（1）设计算法，模拟打印任务的到达和处理过程，使用队列调度打印任务。

（2）实现队列的基本操作和循环队列的操作，处理不同的打印任务状态和队列的状态变化。

（3）利用队列计算平均等待时间和处理时间，对打印任务模拟结果进行分析和评估。

3）思政与素养目标

（1）培养学生刻苦钻研、勤于实践的科学态度，通过实验探索队列在实际问题中的应用，增强对数据结构和算法的兴趣。

（2）培养学生的团队协作意识，鼓励学生在实验设计和结果分析过程中相互交流、合作，共同解决问题。

【学时分配】2 学时。

【教学内容】

（1）队列；

（2）队列的顺序存储和链式存储结构；

（3）队列的基本操作；

（4）打印任务模拟的概念和流程；

（5）使用队列进行任务调度和处理；

（6）代码实现。

实现二叉树的各种遍历算法

【教学目标】

1）知识目标

（1）领会二叉树的各种遍历算法的实现过程。

（2）能够描述各种遍历算法。

（3）比较递归和非递归算法的不同。

2）能力目标

（1）设计算法，利用递归和非递归两种方法，实现二叉树不同遍历方法的实现过程。

（2）通过算法具体实现过程，加深对二叉树遍历的理解。

（3）对比递归和非递归实现过程的不同。

3）思政与素养目标

（1）培养学生刻苦钻研、勤于实践的科学态度，通过实验体会二叉树遍历的过程，增强对数据结构和算法的兴趣。

（2）培养学生的团队协作意识，鼓励学生在实验设计和结果分析的过程中相互交流、合作，共同解决问题。

【学时分配】 3 学时。

【教学内容】

（1）二叉树四种遍历方法；

（2）递归算法实现遍历；

（3）非递归算法实现遍历；

（4）实验测试与结果分析。

构造哈夫曼树和生成哈夫曼编码

【教学目标】

1）知识目标

（1）领会哈夫曼树的实现过程。

（2）描述哈夫曼编码的算法。

2）能力目标

（1）设计算法，完成哈夫曼树的实现，在此过程中体会最优概念。

（2）设计算法，完成哈夫曼编码的实现，在此过程中深刻了解编码不唯一的产生过程。

（3）哈夫曼编码是对哈夫曼树的具体应用，在算法设计与实现过程中让学生体会实践是检验理论的必要过程，只有通过实践才能更清晰、深刻地体会理论知识。

3）思政与素养目标

（1）哈夫曼树的构造具有一定难度，在算法实践过程中让学生体会钻研的乐趣。

（2）生活中会遇到各种各样的问题，解决这些问题的方法是多种多样的，如何根据具体情况找到最合适即最优的方案是需要不断比较和改进的，这就提醒学生在解决问题的过程中一定要全方面思考，要敢于对当前的方法提出质疑，只有不断改进才能最终得到消耗少、效率高的方案。

【学时分配】3 学时。

【教学内容】

（1）哈夫曼树的构造过程；

（2）算法实现哈夫曼树；

（3）算法实现哈夫曼编码。

实现图的遍历算法

【教学目标】

1）知识目标

（1）领会图的深度优先遍历和广度优先遍历的实现过程。

（2）设计算法，尝试采用递归和非递归方式完成两种遍历过程。

2）能力目标

（1）学习算法的设计与实现，进一步加深学生对于深度优先遍历和广度优先遍历的理解和掌握。

（2）通过采用递归和非递归两种方式设计算法，让学生体会采用不同算法解决同一问题的优缺点。

3）思政与素养目标

（1）算法实现过程中学生会遇到一系列的问题，通过不断调试最终得到实验结果，让学生体会到算法的设计与实现要严谨，正如科研的态度一定是精益求精、容不得一点马虎的。

（2）通过疫情时代流调图、最短送餐路线图等例子，让学生感受生活的幸福来之不易，是千千万万个默默付出的奉献者创造的，一定要懂得感恩，要学会传递爱心，要有奉献精神。

【学时分配】2 学时。

【教学内容】

（1）图的深度优先遍历；

（2）图的广度优先遍历。

采用普利姆算法求最小生成树

【教学目标】

1）知识目标

（1）领会图的遍历与生成树之间的关系。

（2）掌握网络的基本概念，掌握最小生成树与生成树之间的关系。

（3）体会普利姆算法的设计思想，体会贪心算法思路，实现该算法。

2）能力目标

（1）普利姆算法是贪心算法的经典表现，也是最小生成树的经典算法，让学生在实现该算法的过程中体会设计思想，加深对最小生成树的理解。

（2）尝试理解其他最小生成树的相关算法。

3）思政与素养目标

（1）普利姆作为最小生成树的经典算法之一，其实现过程可以引导学生对贪心算法的探索，激发学生对算法设计的兴趣。

（2）最小生成树可以得到最小的加权路径，提醒学生在解决问题的过程中一定要多方面考虑解决问题的成本，包括时间成本和经济成本等。

【学时分配】2 学时。

【教学内容】

（1）最小生成树；

（2）普利姆算法。

实现顺序查找算法

【教学目标】

1）知识目标

能够描述顺序查找的过程和算法设计思想。

2）能力目标

（1）提高算法设计与实现的能力。

（2）培养复杂程序设计与实现的基本能力。

3）思政与素养目标

在算法设计与程序调试过程中，要时刻体会精益求精的工匠精神。

【学时分配】2 学时。

【教学内容】

顺序查找的基本思路和算法设计。

实现折半查找算法

【教学目标】

1）知识目标

能够描述折半查找的过程和算法设计思想。

2）能力目标

（1）提高算法设计与实现的能力。

（2）培养复杂程序设计与实现的基本能力。

3）思政与素养目标

锻炼逻辑思维能力，考虑问题要全面。

【学时分配】2 学时。

【教学内容】

折半查找的基本思路和算法设计。

统计一个字符串中出现的字符及其次数

【教学目标】

1）知识目标

能够描述二叉排序树的构造过程和算法设计思想。

2）能力目标

（1）提高算法设计与实现的能力。

（2）培养复杂程序设计与实现的基本能力。

3）思政与素养目标

在算法设计与程序调试过程中，要敢于创新，大胆尝试。

【学时分配】4 学时。

【教学内容】

（1）二叉排序树；

（2）字符串的基本概念；

（3）设计算法并实现。

实现冒泡排序算法

【教学目标】

1）知识目标

（1）阐释冒泡排序的基本过程。

（2）理解改进的冒泡排序思路。

（3）理解算法设计思路并完成算法实现。

2）能力目标

（1）提高算法设计与实现的能力。

（2）培养复杂程序设计与实现的基本能力。

3）思政与素养目标

通过编写冒泡排序代码，让学生认识到解决问题需要进行耐心和细致的分析，而选择合适的算法则需要基于问题的特性和需求。

【学时分配】2学时。

【教学内容】

（1）冒泡排序；

（2）设计算法并实现。

实现折半插入排序算法

【教学目标】

1）知识目标

（1）实现折半插入排序算法。

（2）理解算法设计思路并完成算法实现。

2）能力目标

（1）提高算法设计与实现的能力。

（2）培养复杂程序设计与实现的基本能力。

3）思政与素养目标

锻炼逻辑思维能力，考虑问题要全面，时刻注意问题存在的潜在要求。

【学时分配】2 学时。

【教学内容】

（1）折半查找；

（2）设计算法并实现。

实现直接插入排序算法

【教学目标】

1）知识目标

（1）实现直接插入排序算法。

（2）理解算法设计思路并完成算法实现。

2）能力目标

（1）提高算法设计与实现的能力。

（2）培养复杂程序设计与实现的基本能力。

3）思政与素养目标

（1）在算法设计与程序调试过程中，要时刻体会时间复杂度和空间复杂度的概念，培养学生不同问题使用不同算法的能力。

【学时分配】2 学时。

【教学内容】

（1）直接插入排序算法；

（2）设计算法并实现。

实现快速排序算法

【教学目标】

1）知识目标

（1）实现快速排序算法。

（2）理解算法设计思路并完成算法实现。

2）能力目标

（1）提高算法设计与实现的能力。

（2）培养复杂程序设计与实现的基本能力。

3）思政与素养目标

在算法设计与程序调试过程中，要时刻体会时间复杂度和空间复杂度的概念，培养学生不同问题使用不同算法的能力。

【学时分配】2 学时。

【教学内容】

（1）快速排序算法；

（2）设计算法并实现。

4. 教学方法

教师可以通过课堂讲授，介绍数据结构和算法的基本概念、定义、特点以及常见的操作和算法。通过实际案例和示例演示数据结构和算法的应用，让学生能够直观地理解其在实际问题中的应用场景和解决方法。鼓励学生进行编程实践，通过编程实践，学生可以加深对理论知识的理解，并培养解决实际问题的能力。教师应该教授算法的时间复杂性和空间复杂性分析，帮助学生了解算法的效率和优化方法。采用互动式的教学方法，如提问、小组讨论、编程竞赛等，鼓励学生积极参与，激发学习兴趣。组织数据结构和算法的实验和项目，让学生在实践中巩固理论知识，加深对实际问题的认识。引导学生利用网络资源，参考优秀的开源代码和教学视频，进一步学习和理解数据结构和算法的应用。

2.5 计算机网络与信息安全

1. 课程一般情况

课程名称：计算机网络与信息安全

课程性质：必修课

课程学时：总学时 64，其中理论 48 学时，实验 16 学时，理论与实验学时比为 1:0.33

课程学分：3 学分

开课学期：第四学期

前驱课程：C 语言程序设计、数据结构与算法、操作系统

计算机网络与信息安全的课程主要内容为计算机网络的基础知识和主流技术，包括计算机网络的组成、体系结构及协议、局域网标准及主流局域网技术、广域网、网络互连技术和网络应用等。[23]课程目标在于使学生了解现代计算机网络的构成与运行，能够结合计算机体系结构与编程技术，建立使用计算机进行通信的基本观点，形成基本的工程思维，能够对现实的工程应用建立初步认识并进行基本的工程分析。课程要求侧重掌握计算机网络体系结构、体系结构中各层次意义及其相互间关系以及网络互连等知识，为将来从事计算机网络通信领域的开发和研究、网络的使用和维护提供必要的基础知识，打下良好的基础，而且还是实践技能训练中的一个重要的教学环节。通过本课程的理论学习，使学生理解计算机网络的体系结构和网络协议，掌握组建局域网和接入 Internet 的关键技术，培养学生初步具备局域网组网及网络应用的能力。

2. 教学总目标

1）教学目标

（1）能够阐释计算机网络体系结构的设计原则，并概述计算机网络层次结构划分，了解各个层次功能与实现方式。

（2）能够画出数据通信模型，区别通信模型中不同的基础概念。

（3）理解数据链路层的主要协议与硬件。

（4）能够理解网络层的主要协议与硬件作用，能够使用基本网络设备搭建简单的计算机网络。

（5）理解传输层的主要协议，理解拥塞控制与可靠传输的机制，能够对网络故障给出初步的诊断。

（6）能够列举应用层的主要协议。

（7）理解计算机网络安全的主要机制、能够使用基本方法提升网络安

全程度。

2）能力目标

（1）能够应用通信模型分析具体的通信问题，能够使用香浓原理、奈氏准则进行简单的计算。

（2）能够说明计算机网络硬件设备的功能，阐释其在网络层次结构中的意义。

（3）能够设计简单的局域网，划分子网进行相关的理论计算。

（4）能够对网络运行过程中出现的问题进行初步的判断。

（5）能够对计算机网络故障有初步的排查能力。

3）思政与素养目标

（1）形成对理科、工科学习不同特点的认识。

（2）掌握理论与实践的关系。

（3）认同并了解“实践—认识—实践”的学习模式。

（4）能够批判“认识—实践—认识”的学习模式。

（5）树立自主学习的观念。

（6）理解中国在信息革命过程中的成绩与未来的发展目标，树立理想信念。

3. 教学内容及具体目标

计算机网络与信息安全理论

概　　述

【教学目标】

1）知识目标

（1）理解计算机网络的分类及性能指标、体系结构、网络协议、开放系统互连参考模型（open system interconnect，OSI）与传输控制协议/互联网协议（transmission control protocol/internet protocol，TCP/IP）模型的体系结构及区别。

（2）能够阐释计算机网络的概念及组成，熟悉计算机网络体系结构的形成。

2）能力目标

（1）能够引用并陈述计算机网络的发展及应用。

（2）建立对计算机网络的初步认识，能够依据不同标准对网络进行分类。

3）思想与素养目标

（1）培养学生树立科学观念。

（2）培养学生区分理科与工科不同学科的关注领域。

【学时分配】8 学时。

【教学内容】

（1）互联网的组成；

（2）计算机网络的定义；

（3）计算机网络的性能；

（4）计算机网络的体系结构。

物　理　层

【教学目标】

1）知识目标

（1）理解物理层的主要任务和数据通信的基础知识，包括数据通信系统的模型、信道、常用的编码方式与带通调制方法。

（2）能够阐释物理层常见的传输介质。

（3）能够引用并陈述信道复用技术，能够针对不同的通信需求设计简单的通信方案。

2）能力目标

（1）能够进行不同编码方式的计算。

（2）能够识别物理层设备。

（3）能够依照不同传输要求明确不同的传输介质。

（4）能够进行码分多址的计算。

（5）能够阐释物理层的设计理念与基本功能。

3）思想与素养目标

（1）培养学生树立实践精神。

（2）通过案例介绍，提升学生对国家未来信息通信产业发展的信心。

【学时分配】8 学时。

【教学内容】

（1）物理层的基本概念；

（2）数据通信的基本知识；

（3）物理层的传输媒体；

（4）信道复用技术；

（5）数字传输系统。

数据链路层

【教学目标】

1）知识目标

（1）理解 PPP 协议、CSMA/CD 协议。

（2）能够阐释数据链路层的主要功能与基本机制。

（3）能够陈述以太网的物理拓展与下一代高速互联网的基本概念与发展趋势。

2）能力目标

（1）能够进行数据链路层的计算。

（2）能够使用图示分析分组交换的传输模型。

（3）能够进行循环冗余校验码的相关计算。

（4）能够理解同步通信与异步通信的模式，并针对不同场景选择适当的通信模式。

（5）能够进行透明传输的相关计算。

（6）能够进行 CSMA/CD 的相关计算。

（7）能够陈述以太网的技术特点。

3）思想与素养目标

（1）明确学科方向，强化学习信心。

（2）建立知行合一的学习模式。

【学时分配】8 学时。

【教学内容】

（1）点对点信道的数据链路层；

（2）广播信道的数据链路层；

（3）MAC 层；

（4）以太网的扩展与高速以太网。

网 络 层

【教学目标】

1）知识目标

（1）理解 IP 协议的工作环境与机制，子网划分与构造超网，路由表与常见的路由选择协议。

（2）能够阐释网络层的工作机制与协议。

（3）能够陈述网络的层次结构与 IPv6 的发展现状。

2）能力目标

（1）能够陈述 IP 协议各个字段的设计目的与功能。

（2）能够进行子网划分相关的计算。

（3）能够依照功能需求进行子网划分的设计。

（4）能够实施相应的子网划分方案。

（5）具备路由表相关的计算能力。

（6）能够陈述 RIP 协议的设计理念与路由方式。

（7）能够陈述 OSPF 协议的设计理念与路由方式。

（8）具备基于不同路由协议的计算能力。

3）思想与素养目标

（1）引导学生树立远大理想。

（2）培养学生养成认真严谨的习惯。

【学时分配】10 学时。

【教学内容】

（1）网际协议 IP；

（2）划分子网和构造超网；

（3）互联网的路由选择协议；

（4）IPv6。

传 输 层

【教学目标】

1）知识目标

（1）理解 UDP 协议与 TCP 协议的工作方式，TCP 协议的连接、滑动窗口协议与拥塞控制协议。

（2）能够阐释 TCP 与 UDP 协议的报文格式。

（3）能够陈述网络编程的基本知识与 TCP、UDP 协议的使用场景。

2）能力目标

（1）能够陈述 UDP 的协议及结构，解释不同字段的设计理念与含义。

（2）能够陈述 TCP 的协议结构，解释不同字段的设计理念与含义。

（3）能够进行 UDP、TCP 协议相关的计算。

（4）能够使用流量控制与拥塞避免机制进行相关计算。

（5）能够分析 TCP 协议的不同状态并进行相关计算。

3）思想与素养目标

（1）了解计算机网络未来发展的方向。

（2）了解"两个一百年"的目标与具体的产业发展目标。

（3）能够评论人工智能与网络安全技术的重要性。

【学时分配】10 学时。

【教学内容】

（1）运输层的主要协议；

（2）可靠传输的工作原理；

（3）TCP 的流量控制与拥塞控制。

应 用 层

【教学目标】

1）知识目标

（1）理解域名系统 DNS。

（2）能够阐释常见的应用性协议，包括文件传输协议、远程登录协议。

（3）能够陈述远程登录协议与当前互联网应用的发展情况。

2）能力目标

（1）能够对网络进行基本配置。

（2）掌握一定的排错技能，能够根据网络故障的状态进行初步判断并进行相应调试。

3）思想与素养目标

（1）培养学生养成实事求是的观念。

（2）培养学生形成需求导向的问题解决能力。

【学时分配】4 学时。

【教学内容】

（1）域名系统；

（2）文件传输协议与远程登录协议；

（3）万维网 www 与 http 协议；

（4）互联网上的应用。

计算机网络与信息安全实验

双绞线的制作

【教学目标】

1）知识目标

（1）理解制作双绞线的方法。

（2）能够阐释双绞线制作的常用线序与制作工具的使用。

（3）能够陈述双绞线的应用。

2）能力目标

（1）掌握网线钳的结构特点与功能。

（2）能够使用网线钳处理双绞线、压制 RJ–45、RJ21 接口。

（3）能够使用电子设备检测线材的可用性。

3）思政与素养目标

（1）养成敢于动手，积极实践的品质。

（2）养成基于实践目标检索供应链信息的意识。

【学时分配】2 学时。

【教学内容】

（1）双绞线的结构；

（2）使用工具制作双绞线；

（3）双绞线的测试。

远程登录实验

【教学目标】

1）知识目标

（1）理解使用终端软件登录到管理设备的方法。

（2）能够阐释常见的终端软件。

2）能力目标

（1）能够使用常见的终端软件远程登入系统。

（2）能够使用简单的命令进行终端配置。

3）思政与素养目标

（1）培养网络安全意识，合理配置远程设备密码。

（2）形成敢于尝试，借助基本原理探索新工具、新方法的能力。

【学时分配】2 学时。

【教学内容】

终端软件的使用方法。

生成树技术（STP、RSTP、MSTP）

【教学目标】

1）知识目标

（1）理解生成树协议的配置方法。

（2）能够阐释生成树协议的算法机制。

2）能力目标

（1）能够在不同厂家的不同平台上配置生成树协议。

（2）掌握初步的网络排错技巧。

（3）能够对交换机进行配置。

3）思政与素养目标

（1）形成基于工程实践的故障排除思路。

（2）提升动手与实践的能力。

（3）建立理论与实践的关系。

【学时分配】4 学时。

【教学内容】

（1）生成树协议；

（2）在网络环境上配置生成树协议。

路由协议基础

【教学目标】

1）知识目标

（1）理解直连路由与静态路由的配置方法。

（2）能够列举常用的路由协议。

2）能力目标

（1）能够依据网络设计与工程环境配置静态路由。

（2）能够对不同厂家的路由器进行初步配置。

3）思政与素养目标

（1）提升实践能力，培养实践精神。

（2）形成对新形式的抽象认识，提升对新工具、新方法背后的理论基础进行认识的能力。

【学时分配】2 学时。

【教学内容】

（1）直连路由的配置；

（2）静态路由的配置。

路 由 协 议

【教学目标】

1）知识目标

理解路由信息协议（routing information protocol，RIP）、开放式最短路径优先（open shortest path first，OSPF）协议和边界网关协议（border gateway protocol，BGP）的配置方法。

2）能力目标

（1）能够配置 RIP 协议。

（2）能够配置 OSPF 协议。

（3）能够配置 BGP 协议。

3）思政与素养目标

（1）提升依据技术文档结合理论知识自主学习的能力。

（2）结合国家“新基建”战略，强调网络基础设施建设中路由技术的关键地位，如智能交通、远程医疗、工业互联网等新兴领域都离不开高效稳定的路由，引导学生将个人学习成长与国家发展需求紧密相连，肩负起时代赋予的使命，助力构建数字化中国，为改善民生、推动产业升级添砖加瓦。

【学时分配】2 学时。

【教学内容】

（1）RIP 协议；

（2）OSPF 协议；

（3）BGP 协议；

（4）路由协议的配置方法；

（5）在网络环境下配置路由协议。

综 合 实 验

【教学目标】

1）知识目标

理解依照网络拓扑图实施网络设备的综合配置方法。

2）能力目标

（1）能够读懂网络拓扑图。

（2）能够依据拓扑图对网络进行综合配置。

（3）能够检查网络可用性。

（4）能够排除基本错误。

3）思政与素养目标

能够通过技术文档、搜索引擎辅助工程实施。

【学时分配】4 学时。

【教学内容】

（1）网络拓扑图；

（2）配置网络设备。

4. 教学方法

本课程主要采用课堂讲授和实验教学的方法，适当配合使用线上线下混合教学。在课堂讲授中可根据知识目标、能力目标和学情等采用启发式、案例式、探究式等方式，同时注重课程思政与学科前沿的有机结合。实验教学中适当采用小组讨论和师生角色互换的方式。

2.6 Java 程序设计

1. 课程一般情况

课程名称：Java 程序设计

课程性质：必修课

课程学时：总学时 64，其中理论 24 学时，实验 40 学时，理论与实验学时比为 0.6:1

课程学分：3 学分

开课学期：第四学期

前驱课程：数据结构、高级程序设计语言、离散数学、算法分析等

Java 语言是目前主流的程序设计语言之一，带有很强的面向对象特征，结构严谨，适宜教学。通过本课程的教学，帮助学生了解国际上最新的计算机编程设计思想，并能初步运用 Java 技术和基本开发工具进行计算机软件代码设计。培养学生用新一代程序设计思想和逻辑思维方式进行计算机编程研究，启发学生的创新意识，提高学生在软件设计过程中分析问题和解决问题的实际动手能力，使学生的理论知识和实践技能得到共同发展。本课程要求学生掌握 Java 语言语法、Java 中的面向对象思想和特征、图形界面设计和事件接口处理、多线程并行运算、异常错误处理机制[24]，并能正确运用这些理论和方法进行简单计算机项目的分析和判断，完成编程设计，初步解决应用中的实际问题。

2. 教学总目标

1）知识目标

（1）安装调试 Java 语言所需开发环境、开发工具，编写源文件并执行。

（2）应用 Java 语言的语法规则、数据类型、运算符与表达式。

（3）使用分支结构和循环结构，并进行逻辑判断，能够创建、使用数组。

（4）阐释面向对象编程逻辑，能够根据需求声明一个类，实例化其对象，并通过对象调用其属性和方法。

（5）执行类中结构和成员的定义，陈述类与类的关系、类与接口的关系、接口与接口的关系，能够根据需求设计父类与接口。

（6）模拟 Java 的异常处理机制，实现常见简单异常的处理方式，能够根据异常提示对代码进行调试，解决部分异常情况。

（7）实现容器的创建和使用，根据实际需求选特定容器，利用 Java 中的输入输出方式，完成文件的读取复制。

（8）测试 Java 中的多线程机制，创建线程，修改线程属性。

（9）使用简单的图形类完成图形设计。

（10）根据事件处理机制，完成简单的菜单、工具栏设计。

（11）设计简单的 Java 数据库、数据表，理解 Java 网络编程基础。

2）能力目标

（1）具有使用Java语言进行初步编程并实现的能力。

（2）理解各结构的含义、作用，明确各结构间的沟通作用机制。

（3）理解并应用面向对象编程思想，开拓编程开发视野。

（4）具备根据需求设计结构、实现功能的思维。

3）思政与素养目标

（1）激发对编程的兴趣、热爱、好奇心和求知欲，建立起实际事物与虚拟代码的联系。

（2）通过不断的代码书写过程，培养熟能生巧、勤奋务实的意志品质。

（3）能够在学习和代码实现过程中锻炼逻辑思维，提升从框架入手的整体思考能力。

（4）在代码漏洞中寻找错误原因，完善代码实现效果，树立精益求精、不断进取、踏实钻研的精神。

（5）树立自主学习和终身学习的观念，认识到持续自我完善的重要性，不断追求卓越。

3. 教学内容及具体目标

Java程序设计理论

Java语言开发环境

【教学目标】

1）知识目标

（1）能够描述Java开发语言的发展过程。

（2）能够列出Java语言的技术特点。

（3）能够明确虚拟机在Java开发过程中的作用。

2）能力目标

（1）说明Java语言的技术特点、种类结构。

（2）完成Java开发工具、开发环境的安装调试。

3）思政与素养目标

（1）在学习 Java 语言发展的过程中，感受科技的进步对于人类社会发展的重要意义，提升创新意识。

（2）了解中国在计算机领域虽然起步较晚，但依旧取得了举世瞩目的成就，激发民族自豪感。

【学时分配】4 学时。

【教学内容】

（1）Java 语言的诞生与发展；

（2）Java 语言的特点；

（3）Java 技术简介；

（4）Java 虚拟机；

（5）Java 程序的种类和结构；

（6）Java 开发工具；

（7）DK 参考文档下载与安装。

Java 语言基础

【教学目标】

1）知识目标

（1）描述 Java 中的基本数据类型，解释基本数据类型与引用数据类型的区别。

（2）描述变量和常量的概念。

（3）叙述从键盘输入数据的方式。

（4）能够列举常用的运算符与表达式。

2）能力目标

（1）能够进行基本数据类型之间的转换。

（2）能够识别常用的关键字、标识符。

（3）能够声明变量和常量，并对其赋值。

（4）应用 Scanner 类实例化完成从键盘输入数据的操作。

（5）能够使用常用的运算符进行运算或连接操作。

3）思政与素养目标

（1）在学习 Java 语法规则时，弘扬道德与法制意识，遵纪守法，不违背道德底线。

（2）在学习变量知识点时，鼓励求思求变，提高创新意识。

【学时分配】2 学时。

【教学内容】

（1）数据类型；

（2）关键字与标识符；

（3）常量；

（4）变量；

（5）数据类型转换；

（6）从键盘输入数据；

（7）运算符与表达式。

流 程 控 制

【教学目标】

1）知识目标

（1）理解并说明 Java 中的语句执行结构。

（2）理解分支结构的代码执行顺序和执行条件。

（3）判断循环代码中的语句执行顺序和执行条件。

（4）使用跳转关键字 return、break。

2）能力目标

（1）使用关键字 if–else 等进行分支选择，完成逻辑判别。

（2）应用多种循环结构进行迭代操作。

（3）使用语句跳转关键字，完成在特定条件下终止循环的操作。

3）思政与素养目标

（1）通过学习分支结构，类比实际生活中的选择，树立积极正面的价值观，做出正确选择。

（2）循环结构的特征是不断进行重复操作，类比做事要千锤百炼，不断完善进取。

【学时分配】2 学时。

【教学内容】

（1）语句和复合语句；

（2）顺序结构；

（3）支结构；

（4）循环结构；

（5）循环中的跳转语句。

数组与字符串

【教学目标】

1）知识目标

（1）能够描述数组的基本特征。

（2）能够创建和使用一维数组。

（3）能够描述数组元素的调用和数组遍历的方法。

（4）能够使用简单的多维数组。

（5）能够列举字符串的常用操作。

2）能力目标

（1）能够使用动态和静态两种方式创建数组。

（2）通过下角标调用指定位置元素。

（3）使用 foreach 语句和循环遍历数组元素。

（4）创建多维数组，能够调用指定位置的元素，并遍历多维数组。

（5）声明字符串变量，对其赋值。

3）思政与素养目标

根据数组只能存放同一种类型元素的特性，树立与正能量的人事物接触交流的意识。

【学时分配】2 学时。

【教学内容】

（1）数组的基本概念；

（2）一维数组；

（3）foreach 语句与数组；

（4）多维数组；
（5）字符串。

类 与 对 象

【教学目标】

1）知识目标

（1）阐述类与对象的概念以及二者之间的关系。

（2）定义一个类，并在类的内部声明属性和方法。

（3）能够实例化某个类的一个对象，通过该对象调用属性或者方法。

（4）理解对象的底层内存状态。

（5）声明带有参数的方法，并通过某个实例对象调用。

2）能力目标

（1）全面理解面向对象的编程逻辑，能够阐述类和对象之间的关系。

（2）能够根据实际声明一个含有特定属性和功能（方法）的类，对其进行实例化，并调用属性、方法。

3）思政与素养目标

根据类在实例化时的“一对多”性质，强调模范榜样的带头作用。

【学时分配】2 学时。

【教学内容】

（1）类的基本概念；
（2）定义类；
（3）在类的内部定义属性和方法；
（4）对象的创建与使用；
（5）参数的传递。

Java 语言类的特性

【教学目标】

1）知识目标

（1）对比公有成员和私有成员的含义，能够使用部分访问控制符。

（2）能够分辨重载的方法，阐述重载的定义。

（3）掌握构造方法的定义与特征。

（4）掌握 this 关键字的含义。

（5）熟悉静态结构的使用。

2）能力目标

（1）在类中加入含有指定参数的构造方法，并使用该构造方法实例化对象。

（2）实现方法的重载。

（3）理解 this 关键字的含义，并在类中使用。

（4）能够在类的外部使用静态结构。

3）思政与素养目标

根据方法的重载特性，延伸出在不同领域进行举一反三的能力，力求做到触类旁通。

【学时分配】2 学时。

【教学内容】

（1）类的私有成员与公共成员；

（2）方法的重载；

（3）构造方法；

（4）静态成员；

（5）对象的应用。

继承、抽象类、接口和枚举

【教学目标】

1）知识目标

（1）能够阐述继承的含义与方式，理解父类与子类间属性和方法的关系。

（2）能够声明一个抽象类及其内部的结构。

（3）能够声明一个接口，区别类与类、类与接口、接口与接口之间的关系。

（4）阐释枚举结构的声明格式、特性。

（5）能够根据需要，在类中导入一个包。

2）能力目标

（1）能够声明父类、子类，明确子类的对象可以调用父类中的哪些结构。

（2）能够声明一个抽象类作为父类，实例化其子类，调用其内部结构。

（3）掌握声明一个接口的格式，并由一个类实现该接口，调用接口内部结构。

（4）能够明确枚举格式和内部的结构。

3）思政与素养目标

（1）通过学习“继承”特性，鼓励继承和弘扬传统文化、优秀品质，做到“文化自信”。

（2）加强传承人类文明的使命感、责任感。

【学时分配】2 学时。

【教学内容】

（1）类的继承；

（2）抽象类；

（3）接口；

（4）内部类与匿名内部类；

（5）包。

异 常 处 理

【教学目标】

1）知识目标

（1）区分异常与错误，分辨出 Java 编程过程中可能出现的异常种类。

（2）理解异常的处理机制，列举常用异常类。

（3）叙述异常处理的几种方式。

2）能力目标

（1）能够识别基础的异常，并做出简单的代码修改。

（2）对于可能出现异常的代码，进行异常处理。

（3）能够自定义一个异常类。

3）思政与素养目标

（1）在学习发现、处理异常的过程中，培养及时发现错误、改正错误的意识。

（2）坚定在科研领域求真、务实的态度，杜绝弄虚作假。

【学时分配】2 学时。

【教学内容】

（1）异常处理的基本概念；

（2）异常处理类；

（3）处理的异常；

（4）抛出异常；

（5）自定义异常类。

Java 语言的输入输出与文件处理

【教学目标】

1）知识目标

（1）能够列出输入输出流的不同类别。

（2）能够理解字节流和字符流的概念。

（3）理解处理流的作用，并使用缓冲流操作数据流。

（4）理解文件的随机访问过程。

2）能力目标

（1）可以根据目标文件地址创建输入输出流。

（2）能够使用字节流和字符流完成读取、复制目标文件等操作。

（3）理解缓冲流的作用机制，在已有的数据流上创建缓冲流。

3）思政与素养目标

通过被操作的图片、视频，生动展现国家取得的一系列成就，激发爱国、爱社会、爱人民的情操，提升民族凝聚力。

【学时分配】2 学时。

【教学内容】

（1）输入输出类库；

（2）InputStream 和 OutputStream；

（3）Reader 和 Writer；

（4）文件的处理与随机访问。

Java 泛型与容器类

【教学目标】

1）知识目标

（1）理解 Java 中的多态性。

（2）理解包装类的作用。

（3）熟悉容器类的分类与作用。

（4）能够描述容器类的概念。

（5）理解泛型的作用。

2）能力目标

（1）能够列出容器类与数组之间的异同点、各自的特点。

（2）使用容器类承装对象元素。

（3）使用泛型对容器类进行限制。

3）思政与素养目标

在学习容器类的性质时，鼓励积极融入集体，同时保持自己的个性，提高各方面的适应性。

【学时分配】2 学时。

【教学内容】

（1）Java 中的多态性；

（2）包装类；

（3）容器类；

（4）泛型。

多线程程序设计

【教学目标】

1）知识目标

（1）应用两种方式创建线程。

（2）正确区分程序、进程与线程的概念。

（3）阐释线程的五种状态，解决线程同步问题。

2）能力目标

（1）能够进行新线程的创建，对于线程名、线程优先级等属性进行设置。

（2）能够列出线程的几种状态，了解状态间的转换条件。

（3）使用线程通信，完成特定要求。

3）思政与素养目标

体会人的各方面要协调动态发展，成长为一个对社会有用的复合型人才。

【学时分配】2 学时。

【教学内容】

（1）线程的概念；

（2）Thread 线程类与 Runnable 接口；

（3）多线程的同步控制；

（4）线程之间的通信。

Java 程序设计实验

Java 语言基础

【教学目标】

1）知识目标

（1）能够描述 Java 语言的特点。

（2）能够熟练列举常用的 Java 开发工具。

2）能力目标

（1）下载安装适应版本的 JDK 工具，配置 Java 所需的系统环境。

（2）编写输出语句的 Java 源文件，并在 cmd 中完成代码的编译、运行。

（3）声明一个局部变量，并赋值。

3）思政与素养目标

完成 Java 语言开发的软件准备工作，为后续学习提供基础条件，引导学生重视基础工作的重要性。

【学时分配】2 学时。

【教学内容】

（1）Java 开发工具；

（2）从键盘输入数据；

（3）变量的定义和使用。

Java 流程控制

【教学目标】

1）知识目标

能够描述 Java 各种语句的格式，执行过程。

2）能力目标

（1）能够使用不同方式实现分支结构、循环结构。

（2）理清分支结构、循环结构中的代码执行顺序、执行条件、结束条件。

3）思政与素养目标

巩固代码编译、执行过程，练习分支结构和循环结构，锻炼逻辑思维能力。

【学时分配】2 学时。

【教学内容】

（1）求学生成绩的等级；

（2）百钱买百鸡问题；

（3）打印上三角形。

Java 数组与字符串

【教学目标】

1）知识目标

能够描述 Java 数组的概念。

2）能力目标

（1）创建一维数组、元素调用等。

（2）调用二维数组的元素。

（3）使用运算符，输出字符串。

3）思政与素养目标

掌握循环结构在数组当中的应用，锻炼逻辑思维能力。

【学时分配】2 学时。

【教学内容】

（1）一维数组元素的最大值、最小值、平均值；

（2）二维数组求和。

Java 类与对象

【教学目标】

1）知识目标

能够描述类的声明和对象的实例化过程。

2）能力目标

（1）能够声明一个类，能够完成类的实例化。

（2）能够声明类中的属性和方法。

（3）能够根据需求定义具有简单功能的方法。

3）思政与素养目标

在类的声明及对象的实例化过程中，感受现实与虚拟的联系，体会编程语言开发人员的智慧与灵感。

【学时分配】4 学时。

【教学内容】

（1）创建 Person 类；

（2）创建 PersonTest 类；

（3）创建 Student 类；

（4）创建对象；

（5）创建 show()方法。

Java 继承、抽象类和接口

【教学目标】

1）知识目标

（1）能够描述继承和接口的概念。

（2）能够描述声明抽象类与匿名内部类的概念。

2）能力目标

（1）使用关键字实现类的继承，完成接口的实现。

（2）完成抽象类的声明，并掌握抽象方法的定义格式和实现方法。

3）思政与素养目标

在 Java 中通过继承和接口等方式，实现代码的复用，简化编写过程，同时让功能实现更加灵活，重视化繁为简的思想。

【学时分配】2 学时。

【教学内容】

（1）创建抽象父类 Shape；

（2）定义接口 Shape；

（3）定义枚举类 Season。

Java 异常和输入输出

【教学目标】

1）知识目标

（1）能够描述 Java 的异常处理机制。

（2）能够列举常用的输入输出类。

2）能力目标

（1）能够使用 try–catch 语句对目标代码段进行异常处理。

（2）熟悉 Java 中异常的产生和处理机制。

（3）能够使用常用的输入输出流，并使用其处理文件。

3）思政与素养目标

（1）能够给根据错误提示，发现并解决代码中的错误，培养发现问题和解决问题的能力。

（2）使用输入输出流，完成简单的交互和文件的读取复制。

【学时分配】4 学时。

【教学内容】

（1）InputMismatchException 和 ArithmeticException 异常；

（2）文件异常。

Java 多线程

【教学目标】

1）知识目标

（1）能够描述创建线程的两种方法、线程的优先级设置方法。

（2）能够列举实现线程的五种状态。

（3）能够描述线程同步问题。

2）能力目标

（1）能够创建 Java 多线程。

（2）理解并阐释线程的多种状态和转换条件。

（3）能够解决简单的同步问题。

3）思政与素养目标

通过解决同步问题，培养规则意识、秩序意识。

【学时分配】 2 学时。

【教学内容】

（1）用继承 Thread 类的方法创建线程；

（2）用实现 Runnable 接口方法创建线程；

（3）生产者与消费者问题。

泛型与容器类

【教学目标】

1）知识目标

（1）能够描述容器类的概念。

（2）能够叙述实现容器内元素的增、删和改的方法。

（3）能够描述泛型的概念和使用方法。

2）能力目标

（1）区分 List、Set、Map 容器，并能够创建相应容器。

（2）能够在容器类中使用泛型。

（3）能够根据需求选择适当的容器类存放目标对象。

3）思政与素养目标

通过容器类的选择，培养归类总结能力。

【学时分配】2 学时。

【教学内容】

（1）创建 List 类容器；

（2）创建 Set 类容器；

（3）创建 Map 类容器。

图形界面设计

【教学目标】

1）知识目标

（1）能够描述 Swing 工具包的概念和使用方法。

（2）能够列举常用的布局管理方法。

2）能力目标

（1）使用 Swing 工具进行界面设计中组件的创建。

（2）能够编程实现常用的布局管理过程。

3）思政与素养目标

初步接触交互过程，力求能够完成简单的图形界面设计。

【学时分配】6 学时。

【教学内容】

（1）各种组件的创建；

（2）计算器界面设计。

图形界面设计和事件处理

【教学目标】

1）知识目标

能够描述事件处理机制。

2）能力目标

能够掌握事件处理类的使用方法。

3）思政与素养目标

通过学习，能够实现事件处理。

【学时分配】6 学时。

【教学内容】

（1）菜单设计；

（2）工具栏设计。

Java 数据库程序设计和绘图程序设计

【教学目标】

1）知识目标

（1）能够描述 Java 和数据库连接的方法。

（2）能够列举数据库常用的操作。

2）能力目标

（1）能够建立简单的数据库。

（2）能够根据实际问题创建指定的数据表。

（3）具备对数据表中的数据进行处理、操作的能力。

（4）能够使用图形坐标系与形状类绘制指定图形。

3）思政与素养目标

结合实际问题创建数据表，树立一切从实际出发的意识。

【学时分配】8 学时。

【教学内容】

（1）数据库的建立；

（2）表的建立；

（3）查询、添加、修改和删除操作；

（4）交互式绘图程序设计。

4. 教学方法

本课程主要采用课堂讲授和实验教学的方法，适当配合使用线上线下混合教学。在课堂教学中可根据教学目标、教学内容和学生状态等采用讲授法和演示法（代码演示），并插入小组讨论和随堂练习模块，多形式开展课堂教学。同时注重课程思政的自然融入、学科前沿动态、就业方向指导等内容。实验教学中适当采用上机实操、当堂点评和分组实验等方式。

2.7 操作系统

1. 课程一般情况

课程名称：操作系统

课程性质：必修课

课程学时：总学时 48，其中理论 40 学时，实验 8 学时，理论与实验学时比为 1:0.2

课程学分：3 学分

开课学期：第五学期

前驱课程：计算机组成原理、数据结构与算法、C 语言程序设计

操作系统课程主要培养学生计算机科学、信息科学与技术等方面的基本理论和知识。课程涵盖了一般操作系统的基本知识，包括处理机管理、存储器管理、设备管理、文件管理和操作系统接口等有关内容。[25]通过理论联系实际的教学，使学生能较系统地了解计算机操作系统的基本概念、工作原理，掌握操作系统的设计目标和主要的算法与技术，从而对计算机操作系统有完整的认识，是信息系统分析与设计课程的重要基础，也为今后进一步从事计算机操作系统及系统软件的分析、研制和开发提供专业的理论知识，培养实践操作能力。

2. 教学总目标

1）知识目标

（1）能够列举常见的操作系统，概述操作系统的基本特性和主要功能。

（2）具备进程、调度、死锁、连续分配存储、离散分配存储、虚拟存储器、I/O 系统、文件、磁盘的基本知识。

（3）对于进程，能够解释其概念，说明引起进程创建和进程终止的典

型事件，理解经典的进程同步问题，明白进程和线程的区别。

（4）对于处理机调度，能够描述处理机调度的层次和调度算法的目标，掌握常见的进程调度算法，能够解释死锁的概念，说明死锁产生的原因，描述死锁的四种处理方法。

（5）对于存储器管理，能够描述存储器的层次结构，理解连续分配存储管理方式，说明分页存储、分段存储和段页式存储的区别和联系。

（6）对于虚拟存储器，能够描述虚拟存储器的概念和三个特征，列举虚拟存储器的实现方法。

（7）对于输入输出系统，能够理解 I/O 系统的功能，描述设备控制器、中断机构、设备驱动程序和设备独立性软件的概念，掌握磁盘调度的常用算法。

（8）对于文件管理，能够解释文件、文件系统和文件目录的概念，列举文件共享和文件保护的实现方法。

（9）对于磁盘存储器的管理，能够表达常用的外存的组织方式，具备文件存储空间管理的知识，列举提高磁盘 I/O 速度和提高磁盘可靠性的技术。

（10）对于操作系统接口，能够列举常见的 Shell 命令。

2）能力目标

（1）初步具有常见操作系统的下载、安装和使用的能力。

（2）对于给定的操作系统，能够判断其种类，能够创建进程和终止进程。

（3）能够运用处理机调度的知识和技能对不同的进程或线程进行合理的调度，并对死锁情况进行正确处理。

（4）能够运用存储器管理尤其是虚拟存储器的知识和技能解决实际问题。

（5）能够在指定操作系统下正确进行输入和输出。

（6）能够结合具体情境，在操作系统中创建文件、复制文件和删除文件，并为文件合理分配外存。

（7）具备一定的自主学习能力和科学的思维习惯。

（8）能够在语言表达与沟通、团队合作和获取信息方面得到一定的锻炼和提高。

3）思政与素养目标

（1）形成操作系统的基本观点和科学态度，为辩证唯物主义世界观的树立、专业素养和职业精神的养成奠定基础。

（2）激发对操作系统的兴趣、热爱、好奇心和求知欲，形成质疑和探究的习惯。

（3）树立自主学习和终身学习的观念，认识到持续自我完善的重要性，不断追求卓越。

3. 教学内容及具体目标

操作系统理论

操作系统引论

【教学目标】

1）知识目标

（1）能够解释操作系统的概念。

（2）能够列出常见的操作系统，并熟练描述操作系统的基本特性和主要功能。

（3）能够描述操作系统的发展过程。

（4）能够解释 OS 结构设计。

2）能力目标

（1）能够根据具体情况辨别操作系统种类，并正确使用该操作系统。

（2）能够将操作系统与生活建立初步联系。

3）思政与素养目标

（1）在学习操作系统发展史的过程中，领悟科学发展的漫长与艰辛，从科学家的坚持、奉献和创新精神中得到启示和触动。

（2）通过了解中国操作系统的发展，树立开放创新意识，牢记科技强国使命，把个人理想自觉融入国家发展伟业，主动为建设科技强国贡献力量。

【学时分配】4 学时。

【教学内容】

（1）操作系统的目标和作用；

（2）操作系统的发展过程；

（3）操作系统的基本特性；

（4）操作系统的主要功能；

（5）OS 结构设计。

进程的描述和控制

【教学目标】

1）知识目标

（1）能够解释进程、进程控制、临界区、信号量、PV 操作和线程的概念。

（2）能够理解生产者–消费者问题。

（3）能够描述进程和线程的区别和联系。

（4）了解其他经典的进程同步问题。

2）能力目标

（1）能够在常用操作系统下创建进程、终止进程、完成进程控制、进程同步和进程通信。

（2）能够将进程同步问题应用于生活，并指导未来的实践。

3）思政与素养目标

引入“凌镜门”事件和 Google 断供事件，强调发展国产操作系统和软件生态的必要性与紧迫性，课堂讨论国产操作系统的发展与出路。

【学时分配】6 学时。

【教学内容】

（1）前趋图和程序执行；

（2）进程的描述；

（3）进程控制；

（4）进程同步；

（5）经典进程的同步问题；

（6）进程通信；

（7）线程的基本概念；

（8）线程的实现。

处理机调度与死锁

【教学目标】

1）知识目标

（1）能够解释调度和死锁的概念。

（2）能够描述先来先服务、短作业优先、时间片轮转、优先级调度等调度算法。

（3）能够描述产生死锁的必要条件，解释死锁的预防、避免、检查和解除的概念，列举处理死锁的常用方法。

2）能力目标

（1）能够结合具体情境选择合适的处理机调度算法。

（2）能够将银行家算法应用于生活，并指导未来的实践。

3）思政与素养目标

（1）引入哲学思想中的平衡论，说明任何算法都没有绝对的优劣，没有最好的算法只有适合的算法。在学习工作中不要一味追求高精尖，要综合考虑各方面因素，选择最适合的方案，达到整体的平衡最重要。

（2）发挥科学理性的思维，根据已经学习的调度算法，结合实际情况，进行医院排队系统调度算法的设计，争取做到合理分配医疗资源，提高患者就医体验，减少医患纠纷，建设和谐社会。

【学时分配】6学时。

【教学内容】

（1）处理机调度的层次和调度算法的目标；

（2）作业与作业调度；

（3）进程调度；

（4）实时调度；

（5）死锁概述；

（6）预防死锁；

（7）避免死锁；

（8）死锁的检测与解除。

存储器管理

【教学目标】

1）知识目标

（1）能够解释分页和分段的概念。

（2）能够描述处理器的层次结构。

（3）能够阐述连续存储管理和离散存储管理的知识。

（4）能够说明分页存储、分段存储和段页式存储的区别和联系。

2）能力目标

（1）能够结合具体情境选择合适的存储管理方式。

（2）能够运用分页和分段存储管理知识，实现逻辑地址和物理地址的转换。

3）思政与素养目标

在学习离散存储的过程中，领悟逻辑和物理的概念，引导学生将操作系统和其他计算机相关课程的知识点进行联系，培养科学思维。

【学时分配】6 学时。

【教学内容】

（1）存储器的层次结构；

（2）程序的装入和链接；

（3）连续分配存储管理方式；

（4）对换（swapping）；

（5）分页存储管理方式；

（6）分段存储管理方式。

虚拟存储器

【教学目标】

1）知识目标

（1）能够解释虚拟存储器的概念和三个特征。

（2）能够解释抖动和工作集的概念。

（3）能够描述常见的页面置换算法。

（4）能够列举虚拟存储器的实现方法。

2）能力目标

（1）能够结合具体情境实现虚拟存储器的设置。

（2）能够运用合理的置换算法，实现虚拟存储器下的页面置换。

（3）能够运用工作集的概念和知识，预防虚拟存储器下的抖动现象。

3）思政与素养目标

带领学生一起分析页面置换算法这种异常现象出现的原因，引导学生在发现问题时要追本溯源，要有科学探索精神，找到问题的原因后对症下药，找到解决问题的方法，实现技术上的创新和突破，培养科学探索精神。

【学时分配】4学时。

【教学内容】

（1）虚拟存储器概述；

（2）请求分页存储管理方式；

（3）页面置换算法；

（4）“抖动”与工作集；

（5）请求分段存储管理方式。

输入输出系统

【教学目标】

1）知识目标

（1）能够解释设备控制器、中断机构、设备驱动程序和设备独立性软件的概念。

（2）能够阐述I/O系统的功能。

（3）能够列举常用磁盘调度的常用算法。

2）能力目标

（1）能够结合具体情境选择合适的磁盘调度算法。

（2）能够运用输入输出系统的知识，实现操作系统下设备的安装和使用以及信息的输入和输出。

（3）能够运用设备独立性的知识，实现独占设备的共享。

3）思政与素养目标

在学习输入输出系统的过程中，引导学生思考如何实现办公室打印机共享问题，将理论知识和实际应用相结合，培养学生学以致用的习惯。

【学时分配】 6 学时。

【教学内容】

（1）I/O 系统的功能、模型和接口；

（2）I/O 设备和设备控制器；

（3）中断机构和中断处理程序；

（4）设备驱动程序；

（5）与设备无关的 I/O 软件；

（6）用户层的 I/O 软件；

（7）缓冲区管理；

（8）磁盘存储器的性能和调度。

文 件 管 理

【教学目标】

1）知识目标

（1）能够解释文件、文件系统和文件目录的概念。

（2）能够列举文件共享和文件保护的实现方法。

2）能力目标

（1）能够在指定操作系统下创建文件、复制文件和删除文件。

（2）能够运用文件管理的知识，实现操作系统下文件的共享和保护。

3）思政与素养目标

通过对比 Windows 和 UNIX 两个操作系统中文件的物理结构，引入辩证唯物主义思想中的发展观。UNIX 用发展的思维处理问题，设计的文件系统直到现在都不过时，而 Windows 的文件系统已经升级很多次。在未来的智能互联网时代，技术发展迅速，要培养学生创新和发展的思维。

【学时分配】 4 学时。

【教学内容】

（1）文件和文件系统；

（2）文件的逻辑结构；

（3）文件目录；

（4）文件共享；

（5）文件保护。

磁盘存储器的管理

【教学目标】

1）知识目标

（1）具备文件存储空间管理的知识。

（2）能够表达常用的外存的组织方式。

（3）能够列举提高磁盘 I/O 速度的途径和提高磁盘可靠性的技术。

2）能力目标

（1）能够结合具体情境给文件合理分配外存。

（2）能够运用磁盘存储器管理的知识，提高磁盘 I/O 速度和磁盘可靠性。

3）思政与素养目标

在学习磁盘可靠性知识的过程中，培养学生的数据安全意识。

【学时分配】2 学时。

【教学内容】

（1）外存的组织方式；

（2）文件存储空间的管理；

（3）提高磁盘 I/O 速度的途径；

（4）提高磁盘可靠性的技术；

（5）数据一致性控制。

操作系统接口

【教学目标】

1）知识目标

（1）能够解释用户接口和系统调用的概念。

（2）能够列举常见的 Shell 命令。

2）能力目标

能够在 Linux 或 UNIX 系统中使用 Shell 命令完成指定操作。

3）思政与素养目标

“双 11”催生了马云等阿里管理层对独立自主服务器的追求，只有拥有自己的服务器和云计算技术，才能不会受制于 IBM 等国际公司。中国要强盛、要复兴，就一定要大力发展科学技术，努力成为世界主要科学中心和创新高地。关键核心技术事关创新主动权、发展主动权，也事关国家经济安全、国防安全和其他安全。掌握不了关键核心技术，就会“缺芯少魂”。培养学生“科技兴则民族兴，科技强则国家强”的意识。

【学时分配】2 学时。

【教学内容】

（1）用户接口；

（2）Shell 命令语言；

（3）联机命令接口的实现；

（4）系统调用的概念和类型；

操作系统实验

进程的创建与使用

【教学目标】

1）知识目标

（1）能够熟练描述进程的定义、进程的状态及其变化。

（2）能够描述进程的组成、进程管理的基本命令。

（3）能够解释观察进程间的通信。

2）能力目标

（1）能够创建进程。

（2）能够终止进程。

（3）能够实现进程的同步和通信。

3）思政与素养目标

（1）初步养成严谨求实、耐心细致、坚持不懈的实验习惯，遇到问题时能够进行反思、学习，与同学和教师交流解惑。

（2）初步养成如实记录实验的习惯。

【学时分配】2 学时。

【教学内容】

（1）模拟进程的状态；

（2）进程的创建代码和进程的终止代码；

（3）模拟进程的其他状态；

（4）实现进程的同步和通信。

处理机管理

【教学目标】

1）知识目标

（1）能够描述调度级别、不同调度算法的性能评价标准。

（2）能够熟练描述先来先服务调度算法、短作业优先调度算法和高响应比优先调度算法。

2）能力目标

（1）能够使用先来先服务调度算法进行进程调度。

（2）能够使用短作业优先调度算法进行进程调度。

（3）能够使用高响应比优先调度算法进行进程调度。

（4）能够评价不同调度算法的优劣。

3）思政与素养目标

（1）初步养成举一反三的科学思维，遇到问题时能够进行反思、学习，与同学和教师交流解惑。

（2）初步养成如实记录实验的习惯。

【学时分配】2 学时。

【教学内容】

（1）C 语言模拟调度算法；

（2）先来先服务调度算法实现；

（3）短作业优先调度算法实现；

（4）高响应比优先调度算法实现；

（5）对比三种调度算法。

页面置换算法的实现

【教学目标】

1）知识目标

（1）能够熟练描述虚拟存储器的概念和实现方法。

（2）能够熟练描述先进先出（first input first output，FIFO）、最近最少未使用（least recently used，LRU）页面置换算法。

2）能力目标

（1）能够使用FIFO算法进行页面置换。

（2）能够使用LRU算法进行页面置换。

（3）能够评价不同页面置换算法的优劣。

3）思政与素养目标

（1）在发现问题时要追本溯源，要有科学探索精神。

（2）初步养成如实记录实验的习惯。

【学时分配】2学时。

【教学内容】

（1）C语言模拟页面置换算法；

（2）FIFO算法实现；

（3）LRU算法实现；

（4）对比两种页面置换算法。

文件管理实验

【教学目标】

1）知识目标

（1）能够解释文件、记录、数据项、文件系统的基本概念。

（2）能够总结文件存储空间管理的功能。

2）能力目标

（1）能够创建文件。

（2）能够复制文件。

（3）能够删除文件。

3）思政与素养目标

（1）通过学习 Windows 的文件系统的发展，培养学生创新和发展的思维。

（2）初步养成如实记录实验的习惯。

【学时分配】2 学时。

【教学内容】

（1）C 语言模拟文件管理；

（2）文件的创建；

（3）文件的复制；

（4）文件的删除；

（5）模拟文件管理的其他操作。

4. 教学方法

本课程主要采用课堂讲授和实验教学的方法，适当配合使用线上线下混合教学。在课堂讲授中可根据教学目标、教学内容和学生状态等采用启发式、案例式、探究式等方式，同时注重课程思政与学科前沿的有机结合。实验教学中适当采用小组讨论和师生角色互换的方式。

2.8 数据库原理与应用

1. 课程一般情况

课程名称：数据库原理与应用

课程性质：必修课

课程学时：总学时 64，其中理论 32 学时，实验 32 学时，理论与实验学时比为 1:1

课程学分：3 学分

开设学期：第五学期

前驱课程：C 语言程序设计、数据结构与算法、操作系统数据库原理与应用主要内容为数据库系统的应用背景与基本结构、关系代数、SQL 语言的语法与应用、数据库的安全性与完整性、数据库的范式理论、数据库设计与编程、大数据与新数据库技术等。[26]本课程旨在培养学生对数据的基本观点，深化对信息系统的认识，对信息系统中信息流转的一般方法与方式有了解，掌握操作数据库的基本技能，了解设计数据库系统的基本原则，能够设计简单的数据库系统，对数据库技术在当前并发系统中的地位有所了解，了解数据库技术发展的新趋势。

2. 教学总体目标

1）知识目标

（1）能够解释结构化查询语言（structured query language，SQL）的语法结构，使用 select、insert、updata、delete 命令的语义与一般的实现原理与过程。

（2）具备关系代数运算的基本能力，掌握数据库范式理论的基本原理。

（3）了解数据库安全的管理机制与常用方法。

（4）了解数据库设计的一般流程与方法。

（5）理解数据库运营与维护的基本原理。

2）能力目标

（1）能够使用 SQL 语言进行常见的数据库操作。

（2）使用 SQL 命令进行数据库操作。

（3）具备针对具体场景进行数据库设计的基本能力。

（4）能够使用一门计算机编程语言设计实施具有数据库功能的小型项目。

（5）能够使用范式理论对数据库进行设计优化。

3）思政与素养目标

（1）理解名与实之间的关系，了解形式化语言的特点，树立正确的价值观，正确认识名实关系。

（2）具有一定的抽象与概括能力，能够从认识论的角度理解建模的过程，坚持一切从实际出发，从实践出发认识世界。

（3）激发对信息科学的兴趣、热爱、好奇心和求知欲，形成质疑和探究的习惯。

（4）树立自主学习和终身学习的观念；认识持续自我完善的重要性，不断追求卓越。

3. 教学内容及具体目标

数据库原理与应用理论

绪 论

【教学目标】

1）知识目标

（1）能够阐释数据库的模式与模型相关概念。

（2）能够理解数据库的工作方式与数据模型。

（3）能够引用并陈述数据库的应用场景与发展历史，了解关系型数据库的技术特点，了解数据库在信息化技术中的位置与作用，建立数据的基本概念。

2）能力目标

（1）能够区分物理模式、逻辑模式。

（2）能够明确数据库系统在信息管理系统中的作用。

3）思政与素养目标

（1）建立科学方法论的理论框架。

（2）建立对理论科学的正确认识。

【学时分配】2 学时。

【教学内容】

（1）数据库技术的应用背景与发展历史；

（2）数据库系统在当前的应用；

（3）数据库的基本概念；

（4）数据库系统的特点；

（5）数据模型；

（6）常用的数据模型；

（7）数据库系统的三级模式结构；

（8）数据库系统的组成。

关系数据结构与形式化定义

【教学目标】

1）知识目标

（1）能够阐释关系的定义与基本概念，包括域、笛卡尔积、关系的形式化定义。

（2）能够理解关系数据结构的特点，能够解读描述关系运算的形式化语言。

（3）能够引用并陈述关系模式。

2）能力目标

（1）能够进行关系代数运算。

（2）能够依照要求写出关系代数运算式。

（3）能够引用并陈述关系代数运算符的含义。

3）思政与素养目标

（1）建立对形式与内容的正确认识。

（2）养成一定的理论思维习惯。

（3）建立对抽象思维的初步认识。

【学时分配】4学时。

【教学内容】

（1）关系数据结构；

（2）关系模式的形式化定义。

关系操作和关系的完整性

【教学目标】

1）知识目标

（1）理解基本的关系操作。

（2）能够理解实体完整性、参照完整性、用户完整性。

（3）能够引用并陈述完整性的定义。

2）能力目标

（1）能够分析关系模式的完整性。

（2）能够阐述完整性的定义。

（3）能够引用并陈述关系完整性的意义。

3）思政与素养目标

（1）掌握理论学习的关键方法。

（2）建立抽象思维的基本模式。

【学时分配】2 学时。

【教学内容】

（1）基本的关系操作；

（2）关系数据语言的分类；

（3）关系的完整性。

关 系 代 数

【教学目标】

1）知识目标

（1）能够阐释关系的基本运算方法。

（2）能够理解关系代数的形式化表达方式。

（3）能够引用并陈述关系运算与关系操作的关系。

2）能力目标

（1）能够进行关系运算的基本运算。

（2）能够书写关系代数式。

（3）能够依照需求设计关系代数式实现元组操作。

3）思政与素养目标

（1）坚定理想信念，对中国信息科学的发展远景目标有所了解。

（2）了解中国在信息科学方面的成就。

【学时分配】2 学时。

【教学内容】

（1）传统的集合运算；

（2）专门的关系运算。

关系数据库标准语言 SQL

【教学目标】

1）知识目标

（1）能够阐释 SQL 的基本概念。

（2）能够理解 SQL 语言的应用场景与发展历程。

（3）能够引用并陈述 SQL 语言的特点。

2）能力目标

（1）能够识别 SQL 语句中的关键字。

（2）建立对 SQL 语言的初步认识。

3）思政与素养目标

建立对理论问题与工程实践关系的基本认识。

【学时分配】 2 学时。

【教学内容】

（1）SQL 的发展历程；

（2）SQL 的特点；

（3）SQL 的基本概念。

数 据 定 义

【教学目标】

1）知识目标

（1）能够阐释模式的定义方法、语句的使用。

（2）能够理解模式、基本表的定义与修改。

（3）能够引用并陈述 SQL 语言的语法特点。

（4）能够阐释查询的基本方法，包括单表查询与多表查询语句的语法、语义与用法。

2）能力目标

（1）掌握数据定义语言，能够定义模式。

（2）能够使用 SQL 语言修改模式。

3）思政与素养目标

（1）通过案例培养勇于实践的精神。

（2）引导学生正确把握理论与实践的关系。

（3）养成学习、复习、练习相结合的学习习惯。

【学时分配】2 学时。

【教学内容】

（1）模式的定义与删除；

（2）基本表的定义、删除与修改。

数据查询和更新

【教学目标】

1）知识目标

（1）能够阐释查询的基本方法，包括单表查询与多表查询语句的语法、语义与用法。

（2）能够理解 select 语句的使用情景。

（3）能够引用并陈述 select 语句在关系数据库中执行的内部过程，了解一切关系操作是在关系上的操作。

2）能力目标

（1）能够使用 select 语句在数据库系统中进行查询。

（2）能够灵活使用条件表达式描述查询目标。

3）思政与素养目标

了解国家数据安全的相关政策，建立起保密意识。

【学时分配】4 学时。

【教学内容】

（1）select 语句的语法结构；

（2）单表查询；

（3）连接查询；

（4）嵌套查询；

（5）基于派生表的查询。

数据更新和数据处理

【教学目标】

1）知识目标

（1）能够阐释插入、删除、更新的相关操作。

（2）能够理解数据更新的 SQL 语句语法。

（3）能够引用并陈述相应操作对模式、关系及关系完整性的影响。

2）能力目标

能够使用 insert 语句插入一个或多个元组。

3）思政与素养目标

（1）了解应用与实践的区别。

（2）建立维护数据真实性的学术精神。

【学时分配】2 学时。

【教学内容】

（1）插入数据；

（2）修改数据；

（3）删除数据。

视　　图

【教学目标】

1）知识目标

（1）能够阐释创建、删除查询视图的语句。

（2）能够理解创建与删除视图的语法形式。

（3）能够引用并陈述视图与基本表、模式之间的关系，了解视图的作用。

2）能力目标

能够使用视图进行查询和更新。

3）思政与素养目标

了解中国信息技术的最新发展情况与可视化领域的最新进展。

【学时分配】2 学时。

【教学内容】

（1）定义视图；

（2）查询视图；

（3）更新视图。

数据库的安全性

【教学目标】

1）知识目标

（1）能够阐释数据库权限管理机制与方法。

（2）能够理解数据库的身份鉴别与存取控制方法。

（3）能够引用并陈述数据库的不安全因素与数据库的安全标准，审计与数据加密。

2）能力目标

（1）能够进行简单的数据库安全配置。

（2）能够设计具有一定安全性考虑的用户权限体系。

3）思政与素养目标

了解当前的国际形势与中国信息安全的方针举措，加强保密意识。

【学时分配】2 学时。

【教学内容】

（1）数据库的不安全因素；

（2）数据库安全性控制；

（3）SQL 语言中对权限管理语句；

（4）审计与数据加密。

数据库完整性

【教学目标】

1）知识目标

（1）能够阐释完整性的定义与完整性约束命名子句。

（2）能够理解实体完整性、参照完整性、用户定义完整性的定义。

（3）能够引用并陈述触发器的基本原理，设计简单的触发器。

2）能力目标

（1）能够使用完整性约束子句修饰 SQL 语句。

（2）明确不同数据库版本对完整性约束子句的支持程度。

（3）能够设计简单的触发器并用代码实现。

3）思政与素养目标

了解中国信息产业的发展趋势与数据库技术未来的发展方向。

【学时分配】2 学时。

【教学内容】

（1）实体完整性；

（2）参照完整性；

（3）用户定义完整性；

（4）断言与触发器。

关系数据理论

【教学目标】

1）知识目标

（1）能够使用范式理论分析关系模式。

（2）能够理解范式理论的形式化定义。

（3）能够引用并陈述范式理论在模式设计方面的应用。

2）能力目标

（1）能够使用范式理论对模式进行分解。

（2）能够设计符合 3NF 标准的模式。

3）思政与素养目标

进一步理解理论与实践的关系。

【学时分配】2 学时。

【教学内容】

（1）函数依赖；

（2）范式。

数据库设计

【教学目标】

1）知识目标

（1）能够阐释数据库设计的一般方法，使用 ER 图描述实体关系。

（2）能够理解概念结构设计、逻辑结构设计与物理结构设计的数据库设计方法。

（3）能够引用并陈述 UML。

2）能力目标

（1）能够依据客户需求设计 ER 图。

（2）能够正确采集并分析用户需求。

（3）能够使用范式理论、ER 图对模式进行分析。

3）思政与素养目标

（1）养成严谨认真的学习习惯。

（2）形成耐心、注意细节的职业素养。

【学时分配】2 学时。

【教学内容】

（1）需求分析的方法；

（2）概念结构设计；

（3）逻辑结构设计；

（4）物理结构设计。

数据库编程

【教学目标】

1）知识目标

（1）能够阐释使用 JDBC 连接数据库，并掌握基本的关系操作方法。

（2）能够使用 Java 语言建立连接并进行数据库操作。

（3）能够引用并陈述 SQL 语言的工作特性，掌握使用其他方式驱动数据库的方法。

2）能力目标

（1）能够使用一种编程语言连接数据库。

（2）能够使用一种语言操纵数据库。

（3）能够使用一种语言实现数据管理的基本功能。

3）思政与素养目标

（1）形成知行合一学以致知的职业素养。

（2）建立对信息科学应用领域的了解。

【学时分配】 4 学时。

【教学内容】

（1）JDBC 的安装与配置；

（2）使用 Java 语言进行数据库操作；

（3）存储过程和函数。

数据库原理与应用实验

数据定义

【教学目标】

1）知识目标

（1）介绍 SQLyog 的界面。

（2）登录参数的设定。

（3）执行 SQL 语句的方法。

（4）create 语句。

2）能力目标

（1）会安装和使用 SQL 可视化工具。

（2）能够使用可视化工具进行 SQL 操作。

3）思政与素养目标

（1）掌握使用不同工具解决同一问题的方法。

（2）加深对信息化工具的了解，提升数字化素养。

【学时分配】 2 学时。

【教学内容】

（1）SQLyog；

（2）SQL 语句。

查 询 语 句

【教学目标】

1）知识目标

（1）能够阐释 select 语句的基本语法。

（2）能够理解单表查询与多表查询的基本方法。

2）能力目标

（1）能够依照需求写出简单的 select 语句。

（2）能够依照需求写出复合 select 语句。

3）思政与素养目标

加深从理论到实践的联络，提升实践能力。

【学时分配】8 学时。

【教学内容】

（1）select 语句；

（2）查询行；

（3）查询列；

（4）多表查询。

更 新 语 句

【教学目标】

1）知识目标

（1）能够阐释 delete、update、insert 语句的基本语法。

（2）能够理解在数据库中删、改、增关系的方法。

2）能力目标

（1）能够在不同数据库系统中熟练使用 delete 语句。

（2）能够在不同数据库系统中熟练使用 updata 语句。

（3）能够在不同数据库系统中熟练使用 insert 语句。

3）思政与素养目标

能够使用程序自动管理数据库，掌握接口的思想及其在信息科学其他学科中的应用，不断提升信息素养。

【学时分配】8 学时。

【教学内容】

（1）delete 语句；

（2）update 语句；

（3）insert 语句。

视　图

【教学目标】

1）知识目标

（1）能够描述视图的创建方法。

（2）能够描述视图的查询方法。

（3）能够描述视图的删除与修改方法。

2）能力目标

（1）能够在不同数据库版本中创建视图。

（2）能够修改视图。

（3）能够基于视图进行相应的查询操作。

3）思政与素养目标

（1）通过案例提升学生的信息科学素养。

（2）通过实验锻炼学生的抽象思维。

【学时分配】2 学时。

【教学内容】

（1）视图的创建；

（2）视图的查询；

（3）视图的删除与修改。

数据库的安全性

【教学目标】

1）知识目标

能够阐释 SQL 语言中的权限管理语句 grant 与 revoke。

2）能力目标

（1）能够使用 SQL 语句进行权限管理。

（2）能够依照设计需求进行角色、权限管理。

3）思政与素养目标

加深对中国信息化产业底层软件系统的认识，树立专业信心。

【学时分配】2 学时。

【教学内容】

（1）使用 grant 语句进行授权；

（2）使用 revoke 语句回收权限。

数据库设计与编程

【教学目标】

1）知识目标

能够阐释 JDBC 连接数据库并使用 Java 语言操纵数据库。

2）能力目标

（1）能够使用 Java 语言驱动数据库。

（2）能够使用 Java 语言执行 SQL 语句。

（3）能够使用 Java 语言得到数据库返回结果。

3）思政与素养目标

提升计算机语言、数据库、网络的综合实践能力。

【学时分配】10 学时。

【教学内容】

（1）JDBC；

（2）建立数据库连接；

（3）执行 SQL 语句；

（4）获得查询结果；
（5）基本的需求分析与概念设计；
（6）对数据库进行部署与实施；
（7）简单的数据管理系统。

4. 教学方法

本课程主要采用课堂讲授和实验教学的方法，适当配合使用线上线下混合教学。在课堂讲授中可根据教学目标、教学内容和学生状态等采用启发式、案例式、探究式等方式，同时注重课程思政与学科前沿的有机结合。实验教学中适当采用小组讨论和师生角色互换的方式。通过互动讨论与提问，引导学生积极参与讨论，提出问题并解答疑惑。鼓励学生互相分享经验和观点，加深对知识的理解。编程实践提供大量的编程练习，从简单到复杂逐步推进，让学生通过实际编码锻炼逻辑思维和解决问题的能力。通过项目驱动学习，设计小型项目，让学生将所学知识应用于实际场景，培养开发能力。分组合作，促进学生之间的合作，组建编程小组，共同解决复杂问题，培养团队合作和沟通能力。

2.9　Python 语言应用

1. 课程一般情况

课程名称：Python 语言应用
课程性质：必修课
课程学时：总学时 48，其中理论 24 学时，实验 24 学时，理论与实验学时比为 1:1
课程学分：2.5 学分
前驱课程：计算机应用基础、C 语言程序设计、计算机网络与信息安全

通过本课程的学习，使得学生能够理解 Python 的编程模式（命令式编程、函数式编程），熟练运用 Python 运算符、内置函数以及列表、元组、字典、集

合等基本数据类型和相关列表推导式来解决实际问题，熟练掌握 Python 分支结构、循环结构、函数设计以及类的设计与使用，熟练使用字符串方法，熟练使用 Python 读写文本文件，了解二进制文件操作，了解 Python 程序的调试方法，同时还应培养学生的代码优化与安全编程意识。[27]

2. 教学总目标

1）知识目标

（1）解释 Python 的基本语法规则，包括变量、数据类型、运算符、控制结构（条件语句、循环语句）、函数、类等。

（2）描述 Python 中常用的数据结构，如列表（list）、元组（tuple）、字典（dictionary）、集合（set）等，并能灵活运用这些数据结构解决问题。

（3）使用 Python 对文件进行读写操作，包括读取文本文件、处理 CSV 文件、操作 JSON 数据等。

（4）理解 Python 标准库中常用模块的功能和用法，如 math、os、sys 等，并学会使用第三方库（例如 NumPy、Pandas、Matplotlib 等）来进行数据分析、数据可视化等任务。

（5）理解异常处理的概念，并学会在程序中捕获和处理异常，以提高程序的健壮性。

（6）Python 支持函数式编程的特性，如匿名函数、高阶函数等，并能灵活运用函数式编程的思想解决问题。

（7）解释面向对象编程的基本概念，掌握类的定义、继承、多态等面向对象的特性，以及在 Python 中如何实现面向对象编程。

2）能力目标

（1）提高使用 Python 语言进行编程的能力，能够编写简单到复杂的 Python 程序，实现各种功能和算法。

（2）运用 Python 语言解决实际问题，包括数学计算、数据处理、文本处理、图像处理、Web 开发等各个领域的问题。

（3）培养良好的自学能力，能够独立学习新的 Python 知识和技术，跟上 Python 语言发展的脚步。

（4）引导良好的程序设计思维，能够将实际问题转化为 Python 程序的设计和实现，并编写出结构清晰、可维护的代码。

（5）运用调试工具，找出程序中的错误并进行修复。同时，对于代码的性能问题，学生应该有一定的优化意识和能力，提高代码的运行效率。

3）思政与素养目标

（1）通过 Python 语言教学，培养学生的科学态度和科学精神，让学生学会用科学的方法去思考和解决问题，提高逻辑思维和分析问题的能力。

（2）鼓励学生在 Python 编程中发现问题、提出新颖的解决方案和创新性的应用，培养学生的创新意识和创新能力。

（3）引导学生在学习 Python 语言的过程中关注社会和生活中的问题，通过 Python 编程去探索和解决这些问题，增强学生的社会责任感。

（4）在 Python 语言教学中，鼓励学生参与团队项目，培养合作意识和团队协作能力，学会与他人合作，共同完成项目任务。

（5）培养学生良好的代码编写习惯和规范，强调代码的可读性和可维护性，注重代码质量，培养学生的职业道德和责任感。

（6）在 Python 语言教学中，鼓励学生与来自不同文化背景的同学交流学习，增强跨文化交流与理解能力。

3. 教学内容及具体目标

Python 语言应用理论

Python 概述

【教学目标】

1）知识目标

（1）能够解释 Python 的产生与发展，理解 Python 的命令式编程和函数式编程。

（2）能够完成 Python 的安装与运行、系统环境变量的设置。

（3）能够实现简单 Python 程序示例，了解不同数据类型的选择对程序运行效率的影响。

（4）能够理解不同程序设计语言的特点。

2）能力目标

（1）Python 语言以简洁易读的语法为特点，使得学生能够快速上手，编写出清晰易懂的代码，提高编程效率。

（2）Python 拥有丰富的标准库和大量的第三方库，提供了各种功能强大的工具和模块，使得学生能够在实际应用中快速构建复杂的应用程序。

（3）能够从官方网站下载 Python 的安装包，并根据自己的操作系统版本选择合适的安装包进行安装。

（4）学会选择和安装适合自己的 Python 集成开发环境（IDE）或文本编辑器，以提高编程效率。

（5）能够编写 Python 程序实现数据的输入和输出，包括使用 input()函数获取用户输入，以及使用 print()函数输出结果。

3）思政与素养目标

（1）培养学生对计算机科学和编程的浓厚兴趣，增强学生对科学技术发展的关注和热爱。

（2）引导学生形成积极向上的学习态度，培养学生学习 Python 的热情，养成持续学习和自主学习的习惯。

（3）引导学生认识到 Python 作为一门强大的编程语言，可以应用于各个领域，学生应该关注 Python 在社会发展中的应用和责任，避免滥用技术和信息。

【学时分配】2 学时。

【教学内容】

（1）Python 语言简介；

（2）Python 版本；

（3）Python 编程规范与代码优化建议；

（4）Anaconda3 开发环境的安装与使用；

（5）安装扩展库的几种方法；

（6）标准库与扩展库中对象的导入与使用。

基本数据类型与表达式

【教学目标】

1）知识目标

（1）能够阐释 Python 的基本数据类型，整数、浮点数、字符串、布尔值等，了解它们的特点和用法。

（2）能够理解 Python 的运算符，算术运算符、比较运算符、逻辑运算符等，能够正确运用运算符进行表达式计算。

（3）能够确认变量的定义、命名规则和作用域，能够正确声明和使用变量存储数据。

（4）能够理解 Python 的表达式，学习表达式的概念，能够使用表达式进行数学计算和逻辑判断。

2）能力目标

（1）能够独立使用 Python 的基本数据类型进行编程，实现各种简单到复杂的数据操作和计算。

（2）能够正确使用 Python 的运算符进行表达式计算，包括数值运算、字符串拼接、逻辑判断等。

（3）具备处理用户输入的能力，能够编写程序获取用户输入的数据，并进行相应的处理和输出。

（4）能够正确使用变量存储和管理数据，在程序中合理地使用变量进行数据处理和交换。

3）思政与素养目标

（1）培养学生对计算机科学和编程的浓厚兴趣，增强学生对科学技术发展的关注和热爱。

（2）培养学生科学的态度和创新精神，鼓励学生在 Python 编程中提出新颖的想法和解决方案。

【学时分配】2 学时。

【教学内容】

（1）基本数据类型；

（2）运算符；

（3）变量概念、变量的作用域和生命周期；

（4）表达式的构建和计算过程。

语句与结构化程序设计

【教学目标】

1）知识目标

（1）能够理解 Python 语言的基本语法结构，学习 Python 的缩进规则、代码块定义等基本语法，了解 Python 代码的组织结构。

（2）能够描述 Python 的条件语句，学习 if 语句的用法，能够根据条件选择不同的执行路径。

（3）能够描述 Python 的循环语句，学习 for 循环和 while 循环的用法，实现对数据的遍历和重复操作。

2）能力目标

（1）能够编写结构清晰、逻辑合理的 Python 代码，实现各种条件判断和循环控制，解决实际问题。

（2）具备函数抽象和模块化编程的能力，能够将代码模块化，提高代码的复用性和可维护性。

（3）能够正确处理程序运行过程中可能出现的异常情况，保证程序的稳定性和健壮性。

（4）能够运用 Python 语句和结构化程序设计方法，解决简单到中等复杂的编程问题。

3）思政与素养目标

（1）具备编写简单到中等复杂的 Python 程序的能力，培养学生对计算机科学和编程的浓厚兴趣和积极态度。

（2）引导学生正确看待科技发展的责任和作用，培养学生科学的态度和创新精神，注重代码的规范性和团队合作意识，使学生成为具有科学素养和社会责任感的优秀人才。

【学时分配】2 学时。

【教学内容】

（1）条件语句；

（2）循环语句；

（3）结构化程序设计。

组合数据类型与字符串

【教学目标】

1）知识目标

（1）能够理解Python中的组合数据类型，列表、元组和字典，了解它们的特点和用法。

（2）能够确认列表的基本操作，包括列表的创建、访问元素、添加元素、删除元素等。

（3）能够理解元组的特性，了解元组的不可变性和与列表的区别，能够正确使用元组。

（4）熟悉字典的概念，学习字典的键–值对结构，能够实现字典的创建和访问。

（5）学习字符串的索引、切片、拼接等操作，能够对字符串进行处理和操作。

2）能力目标

（1）能够灵活运用列表、元组和字典解决实际问题，包括数据存储、查找、排序等操作。

（2）具备处理字符串的能力，能够根据需求对字符串进行截取、拼接和替换等操作。

（3）能够对组合数据类型和字符串进行遍历，实现对元素的逐个访问和处理。

（4）能够将不同类型的组合数据进行转换，如列表和元组之间的转换，字典和列表之间的转换等。

3）思政与素养目标

（1）培养学生对Python组合数据类型和字符串的应用能力，能够在实际问题中选取合适的数据结构和方法。

（2）引导学生正确处理数据和信息，注重数据的有效性和准确性，避免信息处理中的错误和偏差。

（3）培养学生的数据分析思维，提高学生对数据的理解和应用能力，强调数据的价值和重要性。

【学时分配】2 学时。

【教学内容】

(1) 组合数据类型;

(2) 列表;

(3) 元组;

(4) 字典;

(5) 字符串。

函　　数

【教学目标】

1) 知识目标

(1) 能够表达函数的概念，学习函数的定义、参数和返回值，了解函数在程序中的作用和重要性。

(2) 能够掌握函数的调用，学习如何调用内置函数和自定义函数，了解函数调用的语法和方法。

(3) 能够理解函数参数，学习位置参数、关键字参数和默认参数的概念和用法。

(4) 能够阐释函数返回值的含义和使用方式，了解函数返回多个值的方法。

(5) 了解递归函数的概念和使用方式，掌握递归算法的基本原理。

2) 能力目标

(1) 能够定义和调用简单的 Python 函数，实现一些基本的功能。

(2) 能够使用位置参数、关键字参数和默认参数来调用函数。

(3) 能够正确处理函数的返回值，并将其用于后续的计算和操作。

(4) 能够编写简单的递归函数，解决递归问题。

3) 思政与素养目标

(1) 培养学生对函数的重视和尊重，认识到函数作为编程的重要工具，具有高度的封装性和复用性。

(2) 引导学生理解函数的设计思想和模块化编程的重要性，注重程序的模块化和功能拆分。

【学时分配】2 学时。

【教学内容】

（1）函数的概念；

（2）内置函数和自定义函数；

（3）位置参数、关键字参数和默认参数；

（4）函数返回值的含义和用法；

（5）递归函数。

文件处理

【教学目标】

1）知识目标

（1）学习文件在计算机中的存储和操作方式，了解文件的读取和写入。

（2）能够应用文件的打开和关闭，学习打开和关闭文件的方法，了解文件操作的过程和注意事项。

（3）学习读取文件的不同方式，包括逐行读取和一次性读取整个文件。

（4）理解文件写入，学习将数据写入文件的方法，掌握文本和二进制文件的写入方式。

2）能力目标

（1）能够使用 Python 打开和关闭文件，避免资源的浪费和泄漏。

（2）能够正确读取文件内容，灵活使用不同的读取方法，获取文件中的数据。

（3）能够将处理过的数据写入文件，实现数据的保存和持久化。

3）思政与素养目标

（1）培养学生对文件处理的重视和谨慎，强调文件操作对计算机系统和数据的影响。

（2）培养学生良好的编程习惯，注重文件的打开和关闭操作。

（3）引导学生正确处理文件操作中可能出现的异常情况，培养学生的错误处理能力。

【学时分配】2 学时。

【教学内容】

（1）文件的打开与关闭；

（2）文件的读写操作；

（3）os 库。

异常处理

【教学目标】

1）知识目标

（1）能够理解异常在程序中的定义和含义，了解异常的分类和常见类型。

（2）使用异常处理语句，学习 try–except 语句的语法和用法，了解异常处理的基本流程。

（3）分析异常的传递机制，学习异常在函数调用中的处理方式。

（4）理解异常处理的嵌套，学习多层异常处理的情况，掌握异常处理的灵活性。

2）能力目标

（1）能够使用 try–except 语句捕获并处理可能出现的异常情况。

（2）能够根据不同的异常类型，采取不同的处理方式。

（3）能够理解异常在函数调用中的传递过程，正确处理异常传递。

3）思政与素养目标

（1）培养学生对异常处理的重视和谨慎，强调异常处理对程序运行的影响。

（2）培养学生良好的编程习惯，注重异常处理的代码风格。

（3）引导学生正确处理异常处理中可能出现的问题，培养学生对错误的处理能力。

【学时分配】2 学时。

【教学内容】

（1）异常的概念和分类；

（2）异常处理语句；

（3）异常的传递机制。

面向对象程序设计

【教学目标】

1）知识目标

（1）能够理解面向对象的概念，学习面向对象程序设计的基本思想和原则，了解类、对象、属性和方法等概念。

（2）能够阐释类的定义和创建，学习如何定义和创建类，了解类的结构和组成。

（3）能够应用对象的实例化，学习如何实例化类，创建对象，并理解对象的特性和行为。

（4）学习继承和多态的概念，了解类之间的关系和特性。

2）能力目标

（1）正确定义类，创建对象，并通过对象调用类的属性和方法。

（2）理解和应用继承和多态，继承父类，实现多态和方法的重写。

（3）设计面向对象的程序，根据实际问题，设计合适的类和对象，实现面向对象的程序设计。

3）思政与素养目标

（1）引导学生正确理解面向对象的程序设计思想，强调代码的封装和重用。

（2）培养学生的创新意识和动手实践能力，注重学生在设计面向对象程序中的思考和创造。

【学时分配】2 学时。

【教学内容】

（1）类、对象、属性和方法；

（2）定义类；

（3）创建类的对象；

（4）实例属性和类属性；

（5）实例方法和类方法；

（6）self 参数；

（7）继承的概念；

（8）多态的应用；

（9）面向对象程序设计的案例。

Python 语言应用实验

Python 开发环境

【教学目标】

1）知识目标

（1）能够应用 Python 代码交互式运行方式，能够描述 Python 变量的创建和删除方式。

（2）能够使用 Python 基本输入输出函数，能够描述 Python 标准库和扩展库的导入和使用方式。

（3）了解 Python 变量动态类型的特点。

2）能力目标

（1）能够独立完成 Python 的安装，选择合适的版本和环境。

（2）能够选择合适的开发工具，创建、编辑和保存 Python 文件。

（3）能够在开发环境中运行简单的 Python 程序，验证环境是否正确配置。

3）思政与素养目标

（1）引导学生对编程环境的重视，强调合理配置开发环境对编程工作的影响。

（2）引导学生学会查找和解决开发环境配置的问题。

（3）引导学生遵循编程规范，强调代码风格、注释和规范的重要性，培养良好的编程习惯。

【学时分配】2 学时。

【教学内容】

（1）常用的内置函数；

（2）IDLE、PyCharm；

（3）Python 程序的创建和运行方式；

（4）Python 代码编写规范。

简易计算器

【教学目标】

1）知识目标

（1）理解 Python 中的数字类型，包括整数和浮点数。

（2）使用数字类型的基本运算，如加法、减法、乘法、除法等。

（3）学会使用条件语句进行简单的逻辑判断。

（4）设计一个简易的命令行计算器，能够进行基本的数值运算。

2）能力目标

（1）能够使用 input 函数获取用户输入的数值和操作符。

（2）能够根据用户输入的操作符，进行相应的数值运算。

（3）能够将计算结果输出给用户。

3）思政与素养目标

（1）学习 Python 中的数字类型和基本运算，培养良好的编程实践能力和逻辑思维。

（2）引导学生在代码中考虑边界条件，如除数不能为零，培养责任感。

【学时分配】2 学时。

【教学内容】

简易计算器。

基本结构化程序设计语法练习

【教学目标】

1）知识目标

（1）理解 Python 的基本结构化程序设计语法，包括条件语句、循环语句和函数定义。

（2）探究基本语法的正确用法，如 if 语句、for 循环、while 循环和函数定义。

2）能力目标

（1）能够编写带有条件判断的程序，根据不同情况执行不同的代码块。

（2）能够编写循环结构的代码，重复执行特定的操作。

（3）能够定义自己的函数，并在程序中调用使用。

3）思政与素养目标

（1）巩固和应用基本的结构化程序设计语法，加深对条件语句、循环语句的理解。

（2）引导学生注重代码规范和合作精神，培养社会责任感。

【学时分配】 2 学时。

【教学内容】

（1）条件判断练习；

（2）循环练习。

利用定积分定义求普通函数的定积分值

【教学目标】

1）知识目标

（1）理解定积分的定义及其在数学中的意义。

（2）学习如何使用定积分的定义来近似计算函数的定积分值。

（3）学习数值积分方法的基本思想。

2）能力目标

（1）能够理解并解释定积分的几何意义。

（2）能够使用 Python 编写代码，实现定积分的定义计算方法。

（3）能够选择合适的划分区间和迭代次数，进行定积分值的计算。

3）思政与素养目标

（1）培养学生的科学精神和严谨思维，鼓励学生对数学方法的探索和创新。

（2）强调数学在科学研究中的重要性，培养学生的团队合作意识和团队合作能力。

【学时分配】 2 学时。

【教学内容】

（1）定积分的概念；

（2）数值积分方法的基本思想；

（3）定积分的代码实现；

（4）结果分析与讨论。

组合数据类型

【教学目标】

1）知识目标

（1）理解 Python 中的组合数据类型，包括列表、元组、集合和字典。

（2）学习组合数据类型的特点、用途和基本操作。

（3）使用 Python 内置函数和方法操作组合数据类型。

2）能力目标

（1）能够区分不同的组合数据类型，并了解它们的应用场景。

（2）能够使用 Python 创建和操作列表、元组、集合和字典。

（3）能够编写代码解决实际问题，使用组合数据类型存储和处理数据。

3）思政与素养目标

（1）培养学生的科学精神和严谨思维，鼓励学生对数学方法的探索和创新。

（2）强调数学在科学研究中的重要性，培养学生的团队合作意识和团队合作能力。

【学时分配】2 学时。

【教学内容】

（1）列表操作实验；

（2）元组操作实验；

（3）集合操作实验；

（4）字典操作实验。

学生成绩管理系统

【教学目标】

1）知识目标

（1）理解循环结构的应用场景，学会使用 for 循环和 while 循环。

（2）学会选择条件语句，如 if 语句用于判断和筛选数据。

（3）学会使用列表等数据结构存储和操作多个学生的信息。

2）能力目标

（1）能够使用循环遍历学生信息列表，进行分析和计算。

（2）能够使用 if 语句判断成绩是否合法，筛选出满足条件的数据。

（3）能够定义和操作学生信息的列表，包括添加、删除和修改数据。

3）思政与素养目标

（1）通过这个大型实践项目，学生能够综合运用循环结构、条件语句、函数定义等多方面的知识，培养逻辑思维和问题解决能力。

（2）强调数学在科学研究中的重要性，培养学生的团队合作意识和团队合作能力。

【学时分配】2 学时。

【教学内容】

（1）数据输入；

（2）数据存储和操作；

（3）成绩分析和统计；

（4）用户界面。

模块方式实现计算机、定积分、学生成绩管理

【教学目标】

1）知识目标

（1）理解函数的概念，学习如何定义和调用函数。

（2）学习函数参数传递和返回值的机制。

2）能力目标

能够定义自己的函数，接受参数并返回计算结果。

3）思政与素养目标

（1）强调代码的规范性和可读性，培养学生的责任感。

（2）强调数学在科学研究中的重要性，培养学生的团队合作意识和团队合作能力。

【学时分配】2 学时。

【教学内容】

（1）函数的定义和调用；

（2）函数参数传递；

（3）数学函数实验；

（4）编写函数实现加法运算；

（5）编写函数实现减法运算；

（6）编写函数实现乘法运算；

（7）编写函数实现除法运算（考虑除数不为零的情况）。

学生管理系统文件处理

【教学目标】

1）知识目标

（1）理解文件处理的概念，学习如何读取和写入文件。

（2）学习如何使用文件存储和管理数据。

（3）学习使用 Python 进行文件读写操作。

2）能力目标

（1）能够使用 Python 完成打开文件、读取内容、写入内容等基本操作。

（2）能够编写代码，实现学生信息的添加、查询和显示功能，并将信息保存到文件中。

3）思政与素养目标

（1）强调代码的规范性和可读性，培养学生的责任感。

（2）强调数学在科学研究中的重要性，培养学生的团队合作意识和团队合作能力。

【学时分配】 2 学时。

【教学内容】

（1）文件处理；

（2）学生信息管理系统实验。

文件异常处理

【教学目标】

1）知识目标

（1）理解文件处理的概念，学习如何打开、读取和写入文件。

（2）学习异常处理在文件操作中的应用，提高程序的健壮性。

（3）使用 try 和 except 语句来捕获和处理文件操作异常。

2）能力目标

（1）能够使用 Python 完成打开文件、读取内容、写入内容等基本操作。

（2）能够识别文件操作可能引发的异常情况，并使用异常处理机制进行处理。

（3）能够编写代码，实现文件操作的异常处理，保证程序的稳定性。

3）思政与素养目标

（1）强调代码的规范性和可读性，培养学生的责任感。

（2）强调数学在科学研究中的重要性，培养学生的团队合作意识和团队合作能力。

【学时分配】2 学时。

【教学内容】

（1）文件处理概述；

（2）文件操作异常处理实验。

面向对象程序设计

【教学目标】

1）知识目标

（1）理解面向对象编程的基本概念，包括类、对象、属性和方法。

（2）学习如何创建类、实例化对象、定义属性和方法。

（3）分析继承、封装和多态等面向对象的核心概念。

2）能力目标

（1）能够设计和实现简单的类和对象，定义类的属性和方法。

（2）能够理解和应用继承、封装和多态等面向对象的概念。

（3）能够编写代码，解决实际问题，建立面向对象编程的思维方式。

3）思政与素养目标

（1）强调代码的规范性和可读性，培养学生的责任感。

（2）强调数学在科学研究中的重要性，培养学生的团队合作意识和团队合作能力。

【学时分配】2 学时。

【教学内容】

（1）面向对象编程；

（2）类和对象创建；

（3）继承和多态。

面向对象程序设计实战

【教学目标】

1）知识目标

（1）设计一个图书管理系统，实现图书的增加、删除、查询、借阅和归还功能。系统中包括图书类、用户类和借阅记录类，使用面向对象编程的方式进行设计和实现。

（2）理解面向对象编程的思想，设计类和对象之间的关系。

（3）学习如何使用类来表示不同的实体，如图书和用户。

（4）如何通过继承和多态等特性来提高代码的可扩展性。

2）能力目标

（1）能够设计并实现图书类、用户类和借阅记录类，定义各自的属性和方法。

（2）能够创建图书和用户对象，实现借阅和归还的功能。

（3）能够使用继承和多态等特性，增强程序的灵活性。

3）思政与素养目标

（1）强调代码的规范性和可读性，培养学生的责任感。

（2）强调数学在科学研究中的重要性，培养学生的团队合作意识和团队合作能力。

【学时分配】2 学时。

【教学内容】

（1）定义图书类和用户类；

（2）定义借阅记录类；

（3）实现图书管理系统主程序；

（4）完善系统功能；

（5）实验测试和优化。

4. 教学方法

本课程主要采用理论讲解与示例演示，在课堂上进行系统的 Python 语法和概念讲解，通过实际示例演示代码编写和运行过程，帮助学生理解基本概念和语法结构。通过互动讨论与提问，引导学生积极参与教学，提出问题并解答疑惑。鼓励学生互相分享经验和观点，加深对知识的理解。编程实践提供大量的编程练习，从简单到复杂逐步推进，让学生通过实际编码锻炼逻辑思维和解决问题的能力。通过项目让学生将所学知识应用于实际场景，培养他们综合运用 Python 进行开发的能力。通过分组合作，促进学生之间的合作，培养团队合作和沟通能力。

2.10 人工智能与机器学习

1. 课程一般情况

课程名称：人工智能与机器学习

课程性质：必修课

课程学时：总学时 48，其中理论 24 学时，实验 24 学时，理论与实验学时比为 1:1

课程学分：2.5 学分

开设学期：第五学期

前驱课程：高等数学、概率与数理统计、Python 程序语言基础

人工智能提供人工智能入门基础讲解，让学生能够较为全面地了解人工智能这门学科的各类问题和方法论，主要包括知识表示、模式识别、监督学习、无监督学习、深度学习和人工智能的基本原理。[28]此外，本课程强调学生的动手能力，要求学生通过编程练习和典型应用实例加深理解，同时对人工智能的一般理论，如计算学习理论、采样理论等有所了解。要

求学生具备基本编程基础，熟悉 Python 编程语言。

2. 教学总目标

1）知识目标

（1）能够概述人工智能、机器学习、深度学习的概念，理解机器学习目前的应用领域。

（2）具备应用正则化构建回归模型并避免过拟合的知识。

（3）理解大间距分类器的概念，分别阐述支持向量机与逻辑回归的关系，利用原理实现模型功能。

（4）理解监督学习和无监督学习的区别，探究不同机器学习模型在大数据应用下的优劣势。

（5）检查归纳模型评估手段与方法，在模型调参过程中对比数据结果变化，再分析模型选择。

2）能力目标

（1）会识读程序流程图，看懂案例程序代码。

（2）会使用 Python 语言实现“机器学习”常规算法。

（3）能够按照任务要求，设计程序流程图，编写程序代码。

（4）能够对所编写的程序故障进行分析，提出解决方案并进行故障排除。

（5）具备一定的自主学习能力和科学的思维习惯。

（6）能够在语言表达与沟通、团队合作、获取信息、健康促进方面得到一定的锻炼和提高。

3）思政与素养目标

（1）培养学生的沟通能力及团队协作精神。

（2）培养学生分析问题、解决问题的能力。

（3）激发对人工智能的兴趣、热爱、好奇心和求知欲，形成质疑和探究的习惯。

（4）树立自主学习和终身学习的观念，认识到持续自我完善的重要性，不断追求卓越。

（5）培养学生的质量意识、安全意识。

3. 教学内容及具体目标

人工智能与机器学习理论

人工智能简介

【教学目标】

1）知识目标

（1）能够解释人工智能的基本概念。

（2）能够阐述人工智能的发展过程。

（3）了解人工智能的分支领域。

2）能力目标

（1）能够在后续学习中分析算法学派。

（2）能够将人工智能与生活建立初步联系。

3）思政与素养目标

（1）在学习人工智能发展史的过程中，领悟一门科学发展的漫长与艰辛，从科学家的坚持、奉献和创新精神中得到启示和触动。

（2）通过了解中国人工智能发展历程，激发实现民族复兴的理想信念。

【学时分配】2 学时。

【教学内容】

（1）人工智能概述；

（2）人工智能的研究途径；

（3）人工智能的研究目标以及基本技术；

（4）人工智能研究历史与发展。

机器学习简介

【教学目标】

1）知识目标

（1）能够理解机器学习相关概念以及机器学习的分类。

（2）能够阐述机器学习模型的评估方法。

（3）能够理解监督学习、无监督学习和强化学习，以及不同类型的机器学习方法及其在问题求解中的应用。

2）能力目标

（1）能够理解机器学习方法的一般步骤。

（2）能够完成机器学习模型的构建与任务场景分类。

3）思政与素养目标

（1）在学习机器学习发展史的过程中，将机器学习方法与人类处理问题的一般方法建立联系，在生活中体会机器学习的应用场景。

（2）通过了解机器学习发展历程，将专业方向与机器学习方法之间进行联动，激发创新能力。

【学时分配】2学时。

【教学内容】

（1）机器学习的一般原理及相关概念；

（2）学习问题的标准描述；

（3）机器学习分类；

（4）机器学习模型的评估方法。

环境配置及 Python 简介

【教学目标】

1）知识目标

（1）确定机器学习模型，实现编程语言环境。

（2）按步骤配置环境相关变量。

（3）Python 内容基本简介与机器学习常用库的导入与应用。

2）能力目标

（1）能够完成机器学习所需环境配置。

（2）将 Python 中容器类型、类的创建以及 numpy、pandas、matplotlib、sklearn 库的基本方法在过程中完成调试。

3）思政与素养目标

（1）通过引导学生探究 Python 语言的基本语法和算法，让学生掌握计算思维的基本方法，从而培养解决实际问题的能力。

（2）引导学生发挥想象力，积极探索 Python 的广泛应用，从而培养创新能力。

【学时分配】2 学时。

【教学内容】

（1）Python 环境配置；

（2）Python 语言的使用。

k 近邻算法

【教学目标】

1）知识目标

（1）解释 *k* 近邻算法的基本原理，包括如何进行分类和回归预测，以及它是如何基于相似性来进行决策的。

（2）理解 *k* 近邻算法的实际步骤，包括选择 *k* 值、计算距离度量、找到最近的邻居等。

（3）分析 *k* 值在 *k* 近邻算法中的重要性，以及如何选择合适的 *k* 值，避免过拟合和欠拟合问题。

（4）学习常用的距离度量方法，如欧氏距离、曼哈顿距离等，用于度量样本之间的相似性。

（5）分析 *k* 近邻算法的优点，如简单易懂、适用于多类别问题等，同时也了解其缺点，如计算复杂度高、需要较大的内存等。

2）能力目标

（1）分析监督学习和非参数学习的基本原理，掌握 *k* 近邻算法的实现过程。

（2）学会分析和处理数据，在 *k* 近邻算法中，这包括特征选择、数据预处理和距离度量等，以确保模型的有效性。

（3）通过实践 *k* 近邻算法，提高问题解决和编程能力，培养将理论知识应用于实际情况的能力。

（4）了解 *k* 近邻算法的优缺点，并学会优化和改进算法，如选择合适的 *k* 值、使用加权 *k* 近邻等。

3）思政与素养目标

（1）在学习 k 近邻算法过程中，培养批判性思维和科学精神，理解算法背后的原理和逻辑，不断扩展知识的深度和广度。

（2）在实践 k 近邻算法时，学生可能需要与同伴合作，共同解决问题和完成项目，从而培养团队合作意识和协作能力。

【学时分配】 2学时。

【教学内容】

（1）k 近邻算法原理；

（2）k 近邻算法模型；

（3）距离度量方法。

模型评估

【教学目标】

1）知识目标

（1）学习各种评估指标，如准确率、精确率、召回率、F1分数、ROC曲线、AUC等，了解它们的含义、计算方法和适用场景。

（2）阐释交叉验证的原理和流程，包括K折交叉验证和留一交叉验证，理解如何用交叉验证来评估模型的性能。

（3）了解过拟合和欠拟合的概念，知道如何通过模型评估来判断模型是否出现了这些问题。

（4）学习曲线的含义，以及如何利用学习曲线来判断模型是否需要更多数据或更复杂的模型。

（5）学习混淆矩阵的构成和意义，以及如何使用混淆矩阵来衡量分类模型的性能。

2）能力目标

（1）学会使用各种评估指标和交叉验证方法，能够对训练好的机器学习模型进行客观的评估，了解其在实际数据上的表现。

（2）通过模型评估结果，能够判断模型是否存在过拟合或欠拟合问题，并采取相应的调整措施。

（3）能够分析学习曲线，判断模型是否需要更多数据或更复杂的模型，并对模型训练进行优化。

(4) 能够使用混淆矩阵来分析分类模型的性能，了解模型的预测情况，对错误分类的情况有较好的理解。

3）思政与素养目标

(1) 在模型评估中应当注意数据的隐私和安全，避免滥用数据和产生不公平的模型。

(2) 模型评估常常需要多人合作，培养团队合作和协作的意识，共同完成模型评估任务。

(3) 在进行模型评估时，应该意识到模型可能对不同群体产生不同的影响，应该遵循数据伦理的原则。

【学时分配】2 学时。

【教学内容】

(1) 评估指标介绍；

(2) 交叉验证；

(3) 学习曲线；

(4) 混淆矩阵。

线性回归与逻辑回归

【教学目标】

1）知识目标

(1) 了解线性回归的基本原理，包括如何建立线性模型、损失函数的定义、利用最小二乘法和梯度下降等方法进行参数估计。

(2) 了解逻辑回归的基本原理，明白它是如何应用于二分类问题，掌握 sigmoid 函数的作用和逻辑回归的参数估计方法。

(3) 阐释特征工程在线性回归和逻辑回归中的重要性，学会如何选择、构造和处理特征，以提高模型的性能。

(4) 学习如何使用评估指标来衡量线性回归和逻辑回归模型的性能，包括均方误差、平均绝对误差、准确率、精确率、召回率等。

(5) 说明正则化的概念和作用，学习如何通过 L1 和 L2 正则化来控制模型的复杂度，避免过拟合。

2）能力目标

（1）能够根据给定的数据集，应用线性回归模型进行回归问题建模或应用逻辑回归模型进行分类问题建模。

（2）掌握线性回归和逻辑回归的参数估计方法，能够通过最小二乘法或梯度下降来估计模型参数。

（3）通过使用不同的评估指标和调整超参数，能够对线性回归和逻辑回归模型进行评估和优化。

3）思政与素养目标

（1）学生应该意识到在应用线性回归和逻辑回归模型时，需要考虑数据隐私、数据公平性等问题，进行负责任的数据应用。

（2）通过学习线性回归和逻辑回归，培养解决实际问题的能力，能够将模型应用于真实场景，推动社会发展和进步。

【学时分配】2 学时。

【教学内容】

（1）线性回归模型和逻辑回归模型；

（2）线性判别分析方法；

（3）多分类问题；

（4）类别不平衡问题。

支持向量机

【教学目标】

1）知识目标

（1）说明支持向量机（support vector machine，SVM）的基本原理，包括如何通过寻找最优超平面将不同类别的样本分开，以及如何解决线性不可分问题。

（2）学习线性 SVM 的数学原理和几何意义，了解如何通过硬间隔和软间隔最大化来建立分类模型。

（3）阐释核函数的概念和作用，学习如何利用核函数将非线性问题映射到高维特征空间，并在高维空间中求解线性问题。

（4）学习如何调整 SVM 的超参数，如正则化参数 C 和核函数参数，以优化模型性能。

（5）分析 SVM 的优点，如对于高维数据和非线性数据有较好的拟合能力，以及其缺点，如计算复杂度较高。

2）能力目标

（1）能够根据给定的数据集，应用线性 SVM 或非线性 SVM 建立分类模型，对样本进行分类。

（2）引导学习如何对数据进行预处理，如特征标准化、数据归一化等，以便更好地应用 SVM 算法。

（3）探索使用交叉验证等方法对 SVM 的超参数进行调优，找到最优的模型设置。

（4）通过可视化方法理解 SVM 的分类效果，探索模型如何将不同类别的样本分开。

（5）能够将 SVM 与其他分类算法进行比较，了解其在不同场景下的优势和适用性。

3）思政与素养目标

学生通过学习 SVM 算法，将培养对科学方法的认识，注重理论的逻辑性和实证研究的科学性。

【学时分配】2 学时。

【教学内容】

（1）SVM 的基本概念；

（2）SVM 的核心思想；

（3）SVM 的损失函数和目标函数；

（4）核函数的概念和作用；

（5）常用的核函数；

（6）核函数参数的选择和调优方法。

贝叶斯分类器

【教学目标】

1）知识目标

（1）阐释贝叶斯定理的概念和公式，理解条件概率和边缘概率之间的关系。

（2）学习朴素贝叶斯分类器的基本原理，包括条件独立性假设和分类的数学推导过程。

（3）如何使用极大似然估计来估计贝叶斯分类器中的概率参数。

（4）学习平滑技术，如拉普拉斯平滑，用于解决零概率问题和避免过拟合。

（5）分析类别不平衡问题，并学习如何通过采样和权重调整来处理不平衡数据。

2）能力目标

（1）能够应用贝叶斯分类器对数据进行分类，根据先验概率和条件概率来计算后验概率，并选择概率最大的类别作为预测结果。

（2）应用极大似然估计方法，能够根据给定数据集来估计贝叶斯分类器的概率参数。

（3）应用平滑技术，避免在概率计算中出现零概率问题和过拟合现象。

（4）能够处理类别不平衡问题，采用合适的采样或权重调整策略来改善分类器性能。

3）思政与素养目标

（1）通过学习贝叶斯分类器，培养解决实际问题的能力，将所学知识应用于实际场景，推动社会发展。

（2）在实际问题解决中，进行团队合作，共同完成贝叶斯分类器的建立和优化，从而培养团队合作意识。

【学时分配】2学时。

【教学内容】

（1）贝叶斯定理；

（2）朴素贝叶斯分类器；

（3）极大似然估计和平滑技术；

（4）贝叶斯分类器的优缺点。

聚　类

【教学目标】

1）知识目标

（1）说明聚类算法的基本概念，包括数据样本、簇、距离度量等。

（2）学习常用的聚类算法，如 k 均值聚类、层次聚类等，了解它们的原理和应用场景。

（3）探索不同的距离度量方法，如欧氏距离、曼哈顿距离、余弦相似度等，以及如何选择合适的距离度量方法。

（4）学习聚类性能评估指标，如轮廓系数，用于衡量聚类效果的好坏。

2）能力目标

（1）能够根据给定的数据集和聚类算法，将样本数据分成不同的簇。

（2）分析聚类性能评估指标的计算方法，能够对聚类结果进行评估和比较。

（3）理解不同距离度量的优缺点，能够根据数据特点选择合适的距离度量方法。

（4）学习如何调整聚类算法的超参数，以获取更好的聚类效果。

3）思政与素养目标

（1）理解聚类在实际问题中的应用场景，如客户分群、图像分割等。

（2）通过学习聚类算法，培养解决实际问题的能力。

【学时分配】2 学时。

【教学内容】

（1）聚类的基本概念和原理；

（2）常用聚类算法；

（3）距离度量方法及其选择；

（4）聚类性能评估指标的介绍和计算方法。

神 经 网 络

【教学目标】

1）知识目标

（1）阐释神经网络的基本组成部分，包括输入层、隐藏层、输出层等。

（2）理解神经网络的前向传播过程，即信号在网络中的传递和加权求和过程。

（3）学习神经网络的反向传播算法，用于更新网络参数并进行训练。

（4）了解不同类型的激活函数，以及它们在神经网络中的作用。

（5）了解梯度下降、随机梯度下降和其他优化算法，用于训练神经网络。

2）能力目标

（1）能够根据不同的问题，设计适合的神经网络结构，选择合适的激活函数和优化算法。

（2）阐释神经网络的前向传播和反向传播过程，能够对网络进行训练，并调整参数以提高模型性能。

（3）对比不同参数对神经网络性能的影响，能够调整超参数以获得更好的模型性能。

（4）将所学的神经网络知识应用于实际问题，如图像分类和文本生成等。

3）思政与素养目标

（1）通过学习神经网络算法，培养解决实际问题的能力，能够将神经网络应用于真实场景，推动社会发展和进步。

（2）在实际问题解决中，进行团队合作，共同完成神经网络的设计和优化，培养团队合作意识。

【学时分配】4学时。

【教学内容】

（1）神经网络的基本结构和原理；

（2）前向传播和反向传播算法；

（3）激活函数；

（4）梯度下降和随机梯度下降等优化算法；

（5）神经网络超参数调优技巧。

深 度 学 习

【教学目标】

1）知识目标

（1）阐释神经网络的基本概念、前向传播、反向传播等基本原理。

（2）学习不同的深度学习架构，如卷积神经网络、循环神经网络等，了解它们的结构和应用。

（3）对比常用的激活函数，了解它们在深度学习中的作用。

（4）学习梯度下降等优化算法，用于训练深度学习模型。

（5）深度学习框架：了解流行的深度学习框架，如 TensorFlow、PyTorch 等，学习如何使用这些框架搭建和训练模型。

2）能力目标

（1）能够根据不同问题选择合适的深度学习架构，搭建适用于实际问题的模型。

（2）应用深度学习的训练方法，能够对模型进行训练，优化参数以获得更好的性能。

（3）对比不同超参数对模型性能的影响，能够进行调优以获得更好的结果。

（4）将所学的深度学习知识应用于实际问题，如图像识别、自然语言处理等。

3）思政与素养目标

（1）通过学习深度学习算法，培养解决实际问题的能力，能够将深度学习应用于真实场景，推动社会发展和进步。

（2）在实际问题解决中，进行团队合作，共同完成深度学习的设计和优化，培养团队合作意识。

【学时分配】2 学时。

【教学内容】

（1）神经网络基础和深度学习原理；

（2）不同深度学习架构的比较；

（3）常用的激活函数；

（4）梯度下降优化算法；

（5）深度学习框架的使用和模型搭建；

（6）深度学习超参数调优技巧。

人工智能与机器学习实验

环境配置及 Python 简介

【教学目标】

1）知识目标

（1）了解机器学习环境配置的基本原理，包括 Python、虚拟环境、依赖管理等概念。

（2）了解 Python 编程语言的基本语法和常用的数据科学库。

（3）学习如何创建和管理 Python 虚拟环境，以避免不同项目之间的依赖冲突。

（4）了解如何使用 pip 或 conda 等工具管理项目的依赖，确保项目在不同环境中的一致性。

2）能力目标

（1）能够独立配置和搭建适合机器学习开发的工作环境，包括安装 Python 和设置虚拟环境等。

（2）掌握依赖管理工具的使用，能够添加、更新和删除项目的依赖库。

3）思政与素养目标

（1）学生通过实验，将培养自主学习的能力，能够主动探索和解决问题。

（2）学生在实验中应该注重科学态度，追求准确、完整和可复现的结果。

（3）实验可能需要学生团队合作，共同完成环境配置任务，从而培养团队合作意识。

【学时分配】2 学时。

【教学内容】

（1）环境配置的基本原理；

（2）NumPy、Pandas、Scikit-learn；

（3）创建和管理 Python 虚拟环境；

（4）管理项目的依赖。

k 近邻算法对鸢尾花数据进行分类

【教学目标】

1）知识目标

（1）阐释机器学习的基本概念和分类问题的基本原理。

（2）学习 *k* 近邻算法的基本原理，包括距离度量和 *k* 值选择等。

（3）分析鸢尾花数据集的特点和用途，包括特征和类别标签的含义。

（4）学习如何将数据集划分为训练集和测试集，用于模型训练和评估。

2）能力目标

（1）能够对鸢尾花数据进行预处理，包括特征提取和归一化等操作。

（2）应用 *k* 近邻算法的应用方法，能够使用该算法对鸢尾花数据进行分类。

（3）学习如何评估分类模型的性能，包括准确率、混淆矩阵等指标的计算和解释。

（4）对实验结果进行分析，并使用可视化工具展示分类效果。

3）思政与素养目标

通过实验，将培养对科学方法的认识，注重数据分析和实证研究，追求科学的解决问题的方式。

【学时分配】2 学时。

【教学内容】

（1）机器学习和分类问题；

（2）*k* 近邻算法；

（3）鸢尾花数据集；

（4）训练集和测试集；

（5）*k* 近邻算法的实现和调参；

（6）模型性能评估指标的计算和解释。

机器学习模型评估

【教学目标】

1）知识目标

（1）学习常用的模型评估指标，如准确率、精确率、召回率、F1 分数、ROC 曲线等。

（2）了解交叉验证的原理和不同的交叉验证方法，如 K 折交叉验证、留一交叉验证等。

（3）理解模型的偏差和方差之间的权衡关系，了解如何通过调整模型复杂度来平衡两者。

2）能力目标

（1）能够使用不同的评估指标对机器学习模型的性能进行评估和

比较。

（2）应用交叉验证的实施方法，用于更准确地评估模型的泛化性能。

（3）通过学习曲线和验证曲线等来分析模型的偏差和方差，并进行模型调整。

（4）能够根据实验结果选择最佳的机器学习模型，用于解决特定问题。

3）思政与素养目标

（1）在编程实践中，让学生亲自操作并实现模型评估实验，从而深入理解不同模型性能评估的方法和应用。

（2）在实验过程中注重科学精神和数据伦理问题，培养负责任的数据科学实践意识。

【学时分配】2学时。

【教学内容】

（1）常用的模型评估指标；

（2）交叉验证的原理和实施方法；

（3）偏差-方差权衡的概念和分析方法；

（4）模型性能评估实验的设计和实施；

（5）模型性能结果分析和可视化展示。

线性回归模型预测波士顿房价

【教学目标】

1）知识目标

（1）阐释线性回归模型的基本原理，包括目标函数、损失函数、最小二乘法等。

（2）学习如何对波士顿房价数据进行特征工程，包括数据清洗、特征选择和缩放等。

（3）学习如何将数据集划分为训练集和测试集，用于模型训练和评估。

（4）学会对比模型评估指标，如均方误差、决定系数等。

2）能力目标

（1）能够对波士顿房价数据进行预处理，包括数据清洗、特征选择和缩放等操作。

（2）探索线性回归模型的使用方法，能够使用该模型进行波士顿房价预测。

（3）能够对线性回归模型进行评估，计算评估指标并解释模型性能。

3）思政与素养目标

（1）在编程实践中，让学生亲自操作并实现线性回归模型实验，从而深入理解线性回归模型的原理和应用。

（2）在实验过程中注重科学精神，培养负责任的数据科学实践意识。

【学时分配】 2 学时。

【教学内容】

（1）线性回归模型；

（2）波士顿房价数据集；

（3）训练集和测试集；

（4）线性回归模型的实现和调参；

（5）模型性能评估指标的计算和解释。

支持向量机模型垃圾邮件识别

【教学目标】

1）知识目标

（1）了解支持向量机的基本原理，包括线性 SVM 和非线性 SVM 的分类方法。

（2）在垃圾邮件识别中，进行特征提取和选择，将邮件内容转化为可用于 SVM 的特征向量。

（3）学习如何将数据集划分为训练集和测试集，用于模型训练和评估。

（4）了解分类模型的评估指标，如准确率、精确率、召回率和 F1 分数等。

2）能力目标

（1）能够对垃圾邮件数据进行预处理，包括数据清洗、特征提取和选择等操作。

（2）阐释支持向量机模型的使用方法，能够应用该模型进行垃圾邮件识别。

（3）能够对支持向量机模型进行评估，计算评估指标并解释模型性能。

3）思政与素养目标

（1）在编程实践中，让学生亲自操作并实现支持向量机模型实验，从而深入理解支持向量机的原理和应用。

（2）在实验过程中注重科学精神，培养负责任的数据科学实践意识。

【学时分配】2学时。

【教学内容】

（1）支持向量机；

（2）垃圾邮件数据集；

（3）训练集和测试集；

（4）支持向量机模型的实现和调参；

（5）模型性能评估指标的计算和解释。

朴素贝叶斯模型实现垃圾邮件识别

【教学目标】

1）知识目标

（1）学习朴素贝叶斯分类器的基本原理，包括贝叶斯定理和特征条件独立假设。

（2）了解垃圾邮件识别问题的背景和目标，明确该实验的应用场景。

（3）在垃圾邮件识别中，学习如何进行特征提取和选择，将邮件内容转化为可用于朴素贝叶斯模型的特征向量。

（4）认识数据预处理的重要性，包括数据清洗、去除噪声和处理缺失值等操作。

（5）学习如何将数据集划分为训练集和测试集，用于模型训练和评估。

（6）了解平滑技术的作用，用于避免概率为零的情况。

（7）学习文本分类任务的基本原理，以及如何将文本数据向量化以供机器学习模型使用。

（8）学习交叉验证的原理和不同的交叉验证方法，如K折交叉验证、留一交叉验证等。

2）能力目标

（1）能够对垃圾邮件数据进行预处理，包括数据清洗、特征提取和选择等操作，以准备好可供模型训练的数据。

（2）能够进行特征工程，将邮件内容转化为合适的特征向量表示，以便朴素贝叶斯模型使用。

（3）了解朴素贝叶斯模型的使用方法，能够应用该模型对垃圾邮件进行分类识别。

（4）分析平滑技术的作用，能够在实验中应用平滑技术来提高模型的准确性。

（5）掌握文本分类任务的基本原理，能够将文本数据向量化以供朴素贝叶斯模型使用。

（6）具备 Python 编程的基本能力，能够使用 Python 库实现朴素贝叶斯模型。

3）思政与素养目标

（1）在垃圾邮件识别实验中，学生需要严谨地处理数据，正确地应用朴素贝叶斯模型，并客观地评估模型性能，体现科学精神。

（2）在垃圾邮件识别实验中，学生将接触到用户的邮件数据，因此应该重视数据隐私和保护，并遵循数据使用的合法规定。

（3）学生在实验中可以探索不同的特征提取方法和模型调参策略等，培养创新意识，能够思考和尝试解决实际问题的不同思路和方法。

【学时分配】4 学时。

【教学内容】

（1）贝叶斯定理和条件独立假设；

（2）朴素贝叶斯分类器的工作原理；

（3）数据预处理；

（4）朴素贝叶斯模型的代码实现；

（5）垃圾邮件识别实验案例。

聚类模型实现商场客户聚类

【教学目标】

1）知识目标

（1）了解聚类算法的基本原理，包括 k 均值聚类、层次聚类等常用的聚类方法。

（2）在客户聚类问题中，学习如何进行特征工程，将客户数据转化为可用于聚类的特征向量。

（3）学习聚类算法的评估指标，如轮廓系数等，用于衡量聚类的效果。

（4）学习如何使用数据可视化技术，将聚类结果以图表的形式展示，帮助理解和解释聚类效果。

2）能力目标

（1）能够对客户数据进行预处理，包括数据清洗、特征选择和缩放等操作。

（2）分析不同聚类算法的使用方法，能够应用这些算法对商场客户进行聚类分析。

（3）能够解释聚类算法的输出结果，理解不同客户群体的特点和差异。

（4）对比聚类算法的评估指标，能够计算和解释聚类的效果，并根据评估结果选择合适的算法。

3）思政与素养目标

（1）通过客户聚类算法实验，提高学生对于数据挖掘技术在商业领域的应用的认识，推动商业智能和数据驱动决策发展。

（2）学生通过实验，将培养对科学方法的认识，注重数据分析和实证研究，追求科学的解决问题的方式。

【学时分配】2 学时。

【教学内容】

（1）k 均值聚类、层次聚类；

（2）商场客户数据集；

（3）不同聚类算法的实现；

（4）聚类算法的输出结果。

神经网络模型实现手写数字识别

【教学目标】

1）知识目标

（1）学习神经网络的基本原理，包括前向传播、反向传播、激活函数和损失函数等概念。

（2）了解手写数字识别问题的背景和目标，明确该实验的应用场景。

（3）了解如何将手写数字数据集进行预处理，包括图像归一化、数据增强等操作。

（4）了解学习框架的基本使用方法，以及构建神经网络模型的流程。

2）能力目标

（1）能够构建基本的前向反馈式（back propagation，BP）神经网络模型，用于手写数字识别。

（2）能够对手写数字数据集进行预处理，确保数据的质量和可用性。

（3）阐释 BP 神经网络的训练方法和优化技巧，如学习率调整、权重初始化等。

（4）能够对训练好的 BP 神经网络模型进行评估，计算准确率和损失函数等指标。

3）思政与素养目标

（1）通过神经网络手写数字识别实验，培养学生对于数据挖掘技术在图像识别领域的应用的认识，推动科技创新和社会发展。

（2）学生通过实验，将培养对科学方法的认识，注重数据分析和实证研究，追求科学的解决问题的方式。

【学时分配】4 学时。

【教学内容】

（1）神经网络的基本原理和组成结构；

（2）图像数据转换；

（3）BP 神经网络模型；

（4）BP 神经网络模型的训练和优化；

（5）模型评估指标；

（6）模型的性能和误差。

卷积神经网络模型实现图像识别

【教学目标】

1）知识目标

（1）了解卷积神经网络（convolutional neural networks，CNN）的基本原理，包括卷积层、池化层、激活函数和全连接层等组成结构。

（2）了解图像识别问题的背景和目标，明确该实验的应用场景。

（3）学习如何对图像数据进行预处理，包括图像归一化、数据增强等操作。

（4）深度学习框架的基本使用方法及构建 CNN 模型的流程。

2）能力目标

（1）能够构建基本的卷积神经网络模型，用于图像识别。

（2）能够对图像数据集进行预处理，确保数据的质量和可用性。

（3）阐释 CNN 模型的训练方法和优化技巧，如学习率调整、权重初始化等。

（4）能够对训练好的 CNN 模型进行评估，计算准确率和损失函数等指标。

3）思政与素养目标

（1）学生应该意识到在使用图像数据集时，需要尊重数据来源的权益和隐私，注重数据伦理的问题。

（2）通过图像识别实验，培养学生对于深度学习技术在图像处理领域的应用的认识，推动科技创新和社会进步。

【学时分配】2 学时。

【教学内容】

（1）卷积神经网络；

（2）图像数据转换；

（3）构建 CNN 模型；

（4）CNN 模型的训练和优化；

（5）模型评估指标；

（6）模型的性能和误差。

4. 教学方法

教师通过课堂讲解、幻灯片演示等形式，介绍机器学习的基本理论知识，包括算法原理、数学模型和常用技术等。学生在计算机实验室或自己的计算机上进行实践操作，实现机器学习算法、调整参数、解决问题等，加深对理论的理解和应用。鼓励学生用编程语言（如 Python）编写机器学习代码，通过实际编程锻炼解决问题的能力。安排学生参与真实的机器学习项目，如数据竞赛、实际应用场景等，锻炼学生分析问题、提出解决方案的能力。组织学生进行小组讨论，让学生彼此交流和分享对机器学习问题的理解和见解。通过现实生活中的机器学习案例，让学生了解机器学习技术在不同领域的应用和局限性。教师可以展示机器学习模型的构建过程、训练结果和效果，激发学生学习的兴趣和动力。引导学生使用在线资源、学术论文、开源代码等，拓展知识广度和深度。鼓励学生参加机器学习相关的线上课程、研讨活动，不断拓展知识和视野。

2.11 信息系统分析与设计

1. 课程一般情况

课程名称：信息系统分析与设计

课程性质：必修课

课程学时：总学时 48，其中理论 32 学时，实验 16 学时，理论与实验学时比为 2:1

课程学分：3 学分

开课学期：第六学期

前驱课程：计算机组成原理、数据结构、C 语言程序设计、数据库原理等相关课程

信息系统分析与设计课程是医学信息工程专业的专业课，旨在培养学

生计算机科学、信息系统设计与技术、软件开发等方面的基本理论和知识。课程涵盖了信息系统与技术的基本知识，包括需求分析、信息系统开发路线与方法结构及规划、系统的技术需求分析、系统的设计、系统的实现与运行等有关内容[29]，通过理论联系实际的教学，使学生能较系统地了解信息系统开发的基本概念，逻辑设计与物理设计的方法及主要的建模技术和软件开发方法，信息系统设计方法、思路及实现环境，对信息系统开发有完整的认识，为今后进一步从事信息系统和系统软件的分析、研制和开发工作打下良好的基础。

2. 教学总目标

1）知识目标

（1）能够概述信息系统开发的一般过程、路线、规划及结构。

（2）具备信息系统需求—设计—实施—运行的基本知识。

（3）能够描述信息系统设计与分析、数据库原理与应用，信息系统运维，并能进行信息系统软件实例开发。

（4）学习数据库、面向对象、建模的系统开发，建立数据知识及逻辑模型的概念。

2）能力目标

（1）初步具有信息系统开发及数据库操作的基本技能和一定的科学探究与实践能力。

（2）对于给定典型业务需求分析结果的系统典型资料，能够建模。

（3）能够运用信息系统分析与设计的知识和技能指导后续课程的学习和未来的软件开发实战。

（4）具备一定的自主学习能力和科学的思维习惯。

（5）能够在语言表达与沟通、团队合作、获取信息方面得到一定的锻炼和提高。

（6）能够建立逻辑思维能力和科研能力。

3）思政与素养目标

（1）培养科学态度，为辩证唯物主义世界观的树立、专业素养和职业精神的养成奠定基础。

（2）激发对信息系统分析与设计的兴趣、热爱、好奇心和求知欲，形成质疑和探究的习惯。

（3）树立自主学习和终身学习的观念，认识到持续自我完善的重要性，不断追求卓越。

（4）建立善于发现问题—分析问题—解决问题的良好习惯，培养将这个习惯用于工作实际。

3. 教学内容及具体目标

信息系统分析与设计理论

绪　论

【教学目标】

1）知识目标

（1）能够解释系统的概念。

（2）能够列出信息系统开发的过程，并描述每一个过程的目标。

（3）能够描述信息系统的功能结构。

（4）能够明确信息系统的一般特点。

（5）能够描述信息系统及信息技术的概念。

2）能力目标

（1）能够根据系统需求分析，建立系统的逻辑概念。

（2）能够将系统的概念与信息系统开发建立初步联系。

3）思政与素养目标

（1）在学习信息系统开发的过程中，领悟信息分析与设计科学思维形成的漫长与艰辛，从软件科学家的坚持、奉献和创新精神中得到启示和触动。

（2）通过理解中国软件设计科学工作者为信息化发展做出的贡献，激发追求远大抱负和职业理想的初心。

【学时分配】2 学时。

【教学内容】

（1）信息系统与信息技术；

（2）信息系统的结构；

（3）信息系统开发过程；

（4）信息系统的一般特点。

需 求 分 析

【教学目标】

1）知识目标

（1）能够解释系统需求分类。

（2）能够列出需求获取过程及方法，并描述需求活动的管理。

（3）能够理解多媒体教学管理系统的需求和业务分析及系统业务工作流程。

（4）能够概述多媒体教学管理系统的应用背景及发展历程和多媒体教学管理系统功能需求。

2）能力目标

（1）能够在学习需求分析的过程中实现沟通交流。

（2）能够将系统的业务流程与分析同信息系统设计规划建立初步联系。

3）思政与素养目标

（1）在学习信息系统开发需求分析的过程中，领悟需求分析是发现问题的开始，建立问题导向的科学思维模式。

（2）需求分析不仅在信息系统开发中扮演重要角色，在其他领域中也扮演重要角色，明确没有调查就没有发言权的道理。

【学时分配】4 学时。

【教学内容】

（1）需求获取的重要性；

（2）系统需求分类；

（3）需求获取过程及方法；

（4）需求活动的管理；

（5）多媒体教学管理系统的应用背景及发展历程；

（6）多媒体教学管理系统的需求分析；
（7）多媒体教学管理系统的功能需求；
（8）多媒体教学管理系统的业务分析；
（9）多媒体教学管理系统业务工作的流程；
（10）系统业务工作流程设计。

信息系统开发路线、方法、结构及规划

【教学目标】

1）知识目标

（1）能够解释模型驱动开发路线。

（2）能够列出信息系统规划、多媒体教学管理系统软硬件架构。

（3）能够描述信息系统结构、多媒体教学管理系统结构和多媒体教学管理系统总体规划。

（4）能够概述信息系统开发路线，并能选择合适的开发路线与方法，理解多媒体教学管理系统实现的线路雏形图及多媒体教学管理系统安全规划和多媒体教学管理系统在高等院校的拓扑结构图。

2）能力目标

（1）能够描述面向对象开发路线。

（2）通过学习多媒体教学管理系统的结构、多媒体教学管理系统总体规划，提升信息系统分析与设计的能力。

3）思政与素养目标

（1）发挥科研思维，建立面向对象的信息思维模式。

（2）引入信息系统总体规划要点，告诉学生以后在其他工作领域中对于每一项工作都要有总体规划。

【学时分配】4 学时。

【教学内容】

（1）信息系统开发路线概述；
（2）模型驱动开发路线；
（3）选择合适的开发路线与方法；
（4）信息系统结构与规划；

（5）多媒体教学管理系统的结构；
（6）多媒体教学管理系统实现的线路雏形图；
（7）多媒体教学管理系统软硬件架构；
（8）多媒体教学管理系统安全规划；
（9）多媒体教学管理系统总体规划；
（10）多媒体教学管理系统在高等院校的拓扑结构图。

系统的技术需求分析

【教学目标】

1）知识目标

（1）能够解释数据流图、数据建模、用例图、类图和对象相关概念。
（2）能够列出多媒体教学管理系统备课授课子系统逻辑数据建模过程。
（3）能够描述多媒体教学管理系统备课授课子系统 UML。
（4）能够概述过程建模、过程逻辑及 UML 类图。

2）能力目标

（1）能够利用数据流图、数据建模、UML 基本原理建立信息系统各部分结构模型图，提高科研能力。

（2）通过实现多媒体教学管理系统备课授课子系统逻辑数据建模过程，提升信息系统建模的能力。

3）思政与素养目标

（1）在学习信息系统建模过程中，领悟现实社会环境中有很多复杂事务都可以通过建模，把复杂的事物分解为若干简单事务的集合。

（2）引入过程建模的概念，告诉学生现实世界中任何一个计划都可以分解为子计划，子计划还可以再分，形成树状结构，提示把任意的复杂工作计划分解为若干子计划。

【学时分配】10 学时。

【教学内容】

（1）过程建模概述；
（2）数据流图；
（3）数据流图的概念和作用；

（4）数据流图的基本符号；
（5）数据流图的绘制；
（6）数据流图规则；
（7）过程逻辑；
（8）数据建模相关概念；
（9）逻辑数据建模过程；
（10）多媒体教学管理系统备课授课子系统逻辑数据建模过程；
（11）UML 概述；
（12）UML 的概念和特点；
（13）UML 构成；
（14）用例图；
（15）类图和对象图；
（16）UML 类图新手入门级总结；
（17）多媒体教学管理系统备课授课子系统 UML 建模。

系统的设计

【教学目标】

1）知识目标

（1）学习架构、软件设计的基本原理、关系数据库模型相关概念。

（2）能够将 E–R 图转化成关系，列出典型的系统应用架构，学习多媒体教学管理系统框架结构、逻辑数据模型和物理数据模型、输出设计、输入设计、用户界面设计。

（3）能够描述软件设计工具、多媒体教学管理系统详细设计、多媒体教学管理系统数据库设计。

（4）概述过程设计的主要内容，学习软件详细设计、字段设计、代码设计、多媒体教学管理系统用户界面设计。

2）能力目标

（1）引入信息系统分析与设计的过程，提升信息思维与科研能力。

（2）借助多媒体教学管理系统数据库设计，进一步提升数据库操作能力，提升数据库软件开发的实战能力。

3）思政与素养目标

（1）在学习信息系统设计过程中，领悟现实社会环境中可以把很多事务搭建为架构，更容易反映出事务的层次及相关性，从而找出解决问题的方法及路线。

（2）学会从案例分析出发去透析其他实例的解决方法。

（3）灵活运用信息系统分析与设计中逻辑模型的概念，领悟解决问题时的逻辑思维。

【学时分配】10 学时。

【教学内容】

（1）架构概述；

（2）典型的系统应用架构；

（3）多媒体教学管理系统框架结构；

（4）过程设计的主要内容；

（5）软件设计的基本原理；

（6）软件设计工具；

（7）软件详细设计；

（8）多媒体教学管理系统详细设计；

（9）逻辑数据模型和物理数据模型；

（10）关系数据库模型；

（11）将 E-R 图转化成关系；

（12）字段设计；

（13）代码设计；

（14）多媒体教学管理系统数据库设计；

（15）输出设计；

（16）输入设计；

（17）用户界面设计；

（18）多媒体教学管理系统用户界面设计。

系统的实现与运行

【教学目标】

1）知识目标

（1）能够解释软件编程、系统支持与维护相关概念。

（2）能够列出多媒体教学管理系统实现与运行的过程。

（3）概述软件测试、测试步骤、测试准则与标准、网络实现、数据库实现、系统转换、系统运行。

2）能力目标

（1）能够利用多媒体教学管理系统运行维护实例，提升信息化管理能力和医院信息系统运维能力。

（2）通过软件测试过程，提升对软件开发生命周期的理解及软件开发的能力。

3）思政与素养目标

（1）在学习信息系统开发—实现的全过程中，领悟现实社会环境中很多事务都符合感悟认知—认识—理解的过程，处理一个问题时也可以从感悟认知问题—认识把握问题—深刻理解问题的过程入手，最后解决问题。

（2）通过软件测试的过程，领悟实践是检验真理的唯一标准，理论应经得住实践的检验，理论是从实践中来到实践中去的反复迭代。

【学时分配】2 学时。

【教学内容】

（1）软件编程；

（2）软件测试；

（3）软件测试准则与标准；

（4）测试步骤；

（5）网络实现；

（6）数据库实现；

（7）系统转换；

（8）系统运行与支持；

（9）多媒体教学管理系统实现与运行。

信息系统分析与设计实验

本地单机模拟多媒体教学管理系统硬件环境及软件环境配置

【教学目标】

1）知识目标

（1）能够引用本地机数据库环境配置进而进行数据库环境配置。

（2）能够进行本地单机 IIS 网络环境配置、数据库登录配置。

（3）能够进行 SQL server 2016 安装、VS2010 安装。

2）能力目标

（1）能够实现本地机数据库环境配置。

（2）能够以多媒体教学管理系统硬件环境及软件环境设置为例，进行其他系统配置。

（3）初步具备数据库环境配置及数据库登录配置能力。

（4）能够用实验室规则规范自己的言行。

3）思政与素养目标

（1）初步形成软件开发环境搭建的观念。

（2）初步养成严谨求实、耐心细致、坚持不懈的实验习惯，遇到问题时能够进行反思、学习、与同学和教师交流解惑。

（3）初步养成如实记录实验的习惯。

【学时分配】2 学时。

【教学内容】

（1）多媒体教学管理系统硬件环境及软件环境；

（2）本地单机 IIS 网络环境配置；

（3）SQL server 2016 和 VS2010 的安装；

（4）数据库环境配置及数据库登录配置。

多媒体教学管理系统子系统的设计

【教学目标】

1）知识目标

（1）能够实现 ADO 数据库连接，进而模拟多媒体教学管理系统各个子系统的详细程序设计。

（2）能够引用多媒体教学管理系统所用的类模块。

（3）能够结合多媒体教学管理系统各个子系统的窗口类说明程序设计。

2）能力目标

（1）能够实现 ADO 数据库连接配置。

（2）能够以多媒体教学管理系统各个子系统的详细程序设计为例，进行环境配置及远程数据库操作。

（3）能够结合多媒体教学管理系统所用的类模块及各个子系统的窗口类而进行系统详细设计。

（4）能够以远程数据库连接为实例，进行本地数据库连接，在脱网的环境下依然能进行软件开发。

3）思政与素养目标

（1）养成用数据处理问题的观念。

（2）养成遇到问题时能够进行反思、学习、与同学和教师交流解惑。

（3）学会把问题分解成若干事件对象，构成可检索的事件对象集合。

【学时分配】2 学时。

【教学内容】

（1）ADO 数据库连接；

（2）多媒体教学管理系统；

（3）本地连接数据库。

多媒体教学管理系统的数据库操作一

【教学目标】

1）知识目标

（1）能够实现运用 ADO 建立数据库、建表。

（2）能够在 VS2010 环境下连接数据库，创建表的详细程序设计。

（3）能够结合多媒体教学管理系统理解 VS2010 软件开发环境，并简单以 VS2010 软件开发环境为例，说明相关图形用户界面（graphical user interface，GUI）软件开发环境。

2）能力目标

（1）能够在 VS2010 环境下利用 ADO 操作 SQL Server 建库、建表。

（2）能够以多媒体教学管理系统各个子系统的数据库操作为例，进行建表的程序操作。

（3）能够在 VS2010 环境下连接数据库，创建表的详细程序设计。

3）思政与素养目标

（1）强化数据逻辑思维的观念，利用数据逻辑知识解决一些现实问题。

（2）遇到问题时能够进行反思、学习、与同学和教师交流解惑。

【学时分配】2 学时。

【教学内容】

（1）SQL Server 建库、建表及环境操作；

（2）在 VS2010 环境下连接数据库；

（3）创建表的详细程序设计。

多媒体教学管理系统的数据库操作二

【教学目标】

1）知识目标

（1）能够进行异地数据库备份与恢复、数据库查询操作。

（2）能够在 VS2010 环境下连接数据库，并完成对数据库查询的程序设计。

（3）结合多媒体教学管理系统，熟悉在 VS2010 环境下将查询数据填充到数据列表控件。

2）能力目标

（1）能够进行异地数据库备份与恢复，提升数据备份与管理的能力。

（2）能够进行数据查询检索，提升数据库远程操作能力。

（3）能够在 VS2010 环境下连接数据库，将查询数据填充到数据列表控件，提升软件开发能力。

3）思政与素养目标

（1）强化数据、信息思维的观念，利用数据与信息思维的知识解决一些现实问题。

（2）遇到问题时能够进行反思、学习、与同学和教师交流解惑。

【学时分配】2 学时。

【教学内容】

（1）异地数据库备份与恢复；

（2）查询操作；

（3）将查询数据填充到数据列表控件。

用户界面设计

【教学目标】

1）知识目标

（1）能够解释用户界面设计相关概念。

（2）能够应用程序与界面相分离的思想设计软件。

（3）能够结合多媒体教学管理系统熟悉在 VS2010 环境下常用的 GUI 控件。

2）能力目标

（1）认识用户界面设计常用控件。

（2）能够以多媒体教学管理系统各个子系统的设计为例，领会应用程序与界面相分离的程序设计思想。

（3）能够在 VS2010 环境下触发焦点事件。

3）思政与素养目标

（1）强化信息逻辑思维的观念，以便在现实中分析问题解决问题。

（2）遇到问题时能够进行反思、学习、与同学和教师交流解惑。

【学时分配】2 学时。

【教学内容】

（1）多媒体教学管理系统用户界面设计；

（2）应用程序与界面相分离；

（3）在 VS2010 环境下利用文本框控件实现键盘操作。

文本框控件进行数据输入操作

【教学目标】

1）知识目标

（1）能够进行界面文本控件对数据输入的操作。

（2）能够实现数据库数据的输入更新。

（3）能够结合多媒体教学管理系统熟悉简单的数据输入错误提示。

2）能力目标

（1）能够利用GUI界面进行数据输入操作。

（2）能够以多媒体教学管理系统各个子系统的设计为例，对数据库的数据录入更新。

（3）能够在VS2010环境下建立数据录入与更新的程序设计。

3）思政与素养目标

（1）编写程序时要有足够的信心与耐心，引导学生处理问题时要有耐心和信心，要自信、自强。

（2）遇到问题时能够进行反思、学习、与同学和教师交流解惑。

【学时分配】2学时。

【教学内容】

（1）文本框输入数据；

（2）文本框实现数据库记录的输入更新。

多媒体教学管理系统授课子系统单元测试

【教学目标】

1）知识目标

（1）进行软件开发过程单元测试。

（2）学习系统测试的网络环境设置、数据库环境设置、客户端环境设置、软件部署打包。

（3）借助多媒体教学管理系统开发测试，掌握信息系统开发测试。

2）能力目标

（1）能够实现信息系统开发测试的网络环境设置、数据库环境设置、客户端环境设置、软件部署打包。

（2）能够结合多媒体教学管理系统开发测试，提升医院信息系统运维能力。

3）思政与素养目标

（1）养成用数据处理问题的思维模式，利用数据思维模式解决一些现实问题，提升科研能力。

（2）遇到问题时能够进行反思、学习、与同学和教师交流解惑。

【学时分配】2 学时。

【教学内容】

（1）多媒体教学管理系统开发测试环境；

（2）演练系统开发测试和软件部署打包；

（3）子系统单元测试。

4. 教学方法

本课程主要采用课堂讲授和实验教学的方法，适当配合使用线上线下混合教学。在课堂讲授中可根据教学目标、教学内容和学生状态等采用启发式、案例式、探究式等方式，同时注重课程思政与学科前沿、临床信息系统相关事实与进展的有机结合。

第3章

课程考核

——以“操作系统”课程为例

课程考核是学生理解和掌握知识的一个重要衡量标准。通过考试和作业，教师可以评估学生在特定知识领域的知识掌握程度。考核可以激励学生积极参与学习。明确的评估标准和反馈机制能够促使学生更努力地学习，提升学习动力。考核不仅是对知识的评估，还能提高学生的综合能力，包括分析和解决问题的能力、时间管理能力及应对压力的能力。大学课程的考核也为学生将来进入职场做准备，许多职业要求具备相应的专业知识和技能，考核的过程可以帮助学生建立必要的职业素养。课程考核结果也可以为教师提供反馈，有助于改进教学方法和课程设置，更好地满足学生的需求。

3.1 评价方式

课程考核一般由形成性评价与终结性评价组成，形成性评价主要看学生平时表现，终结性评价主要看期末考试。信息类专业计算机学科课程体系中的课程大多数既有理论又有实验。理论性较强的课程如计算机组成原理、操作系统等，终结性评价方式多以试卷为主，评价主体主要是授课教师。实验性较强的课程如 Java 程序设计、Python 语言应用等，评价方式除了试卷之外，还有实验报告，评价主体除了授课教师还可以加入学生。根据不同课程的课程性质，具体的评价方式如表 3-1 所示。

表 3-1 不同课程的评价方式

课程名称	评价方式
计算机应用基础	平时成绩+期末上机操作，由考试系统自动评分
C 语言程序设计	平时成绩+实验报告+期末试卷，由授课教师进行评价
计算机组成原理	平时成绩+期末试卷，由授课教师进行评价
数据结构与算法	平时成绩+实验报告+期末试卷，由授课教师进行评价
计算机网络与信息安全	平时成绩+期末试卷，由授课教师进行评价
Java 程序设计	平时成绩+实验项目+期末试卷，由授课教师和学生进行评价
操作系统	平时成绩+期末试卷，由授课教师进行评价
数据库原理与应用	平时成绩+实验项目+期末试卷，由授课教师和学生进行评价
Python 语言应用	平时成绩+实验项目+期末试卷，由授课教师和学生进行评价
人工智能与机器学习	平时成绩+实验项目+期末试卷，由授课教师和学生进行评价
信息系统分析与设计	平时成绩+实验项目+期末试卷，由授课教师和学生进行评价

3.2 考核方案

不同课程的考核方案不同，但是基本分为两类，以试卷为主（如计算机组成原理、操作系统等）和以实验项目为主（如 Java 程序设计、Python 语言应用等)，第 3 章以“操作系统”课程为例介绍终结性评价以期末试卷为主的课程考核方案。第 4 章介绍终结性评价以实验项目为主的课程考核方案。

1. 课程性质简介

操作系统是信息与计算科学本科专业的一门专业选修课。通过理论联系实际的教学，使学生能较系统地了解计算机操作系统的基本概念、工作原理、设计目标和主要的算法与技术，熟悉操作系统的系统结构，了解现代操作系统的发展，从而对计算机操作系统有完整的认识，为今后进一步从事计算机操作系统和系统软件的分析、研制、开发工作打下良好的基础。

2. 考核形式、内容

考核分为两种形式：形成性评价与终结性评价。

1）形成性评价

（1）目的。

充分调动学生的学习积极性，强化学生个性化的发展、自主学习能力的培养。

通过形成性评价，准确了解学生对操作系统的基本概念、基本规律和基本方法的掌握程度，准确了解学生对操作系统的学习兴趣及学习态度。通过形成性评价，教师可以根据考核结果反映出的问题，有针对性地改进课堂教学。

（2）形式。

① 随堂提问、随堂测验、章节试题自测、实验操作考核、课内和课后作业评判等。

② 观察记录课程学习情况（包括学生在学习中的纪律和态度等表现）、实验内容随机检查等。

③ 查阅学生实验报告的完成情况。

④ 师生座谈、学生专题讨论、学生互评、学生讲述、读书报告、问卷调查、e-mail和手机等信息交流。

2）终结性评价

（1）目的。

考查学生经过一门课程或一个学期的学习，是否达到了预期的学习目标。侧重于考核学生对课程的基础知识、基本理论、基本技能的理解和应用。

（2）形式。

终结性评价成绩由平时成绩和期末考试成绩等部分组成。终结性评价是在形成性评价的基础上，对学生学习情况和学习效果进行的一次全面检测。期末考试在操作系统课程教学大纲的要求范围之内进行命题考核。

3. 形成性评价主讲教师职责及要求

（1）布置形成性评价任务并收回学生完成形成性评价任务的相关材料。

（2）按时评阅学生完成形成性评价任务的相关材料，要有批语、批注等并及时反馈给学生。

（3）针对学生学习过程中存在的问题，进行指导、答疑，组织讨论。

（4）做好《形成性评价记录本》的填写工作。

4. 终结性评价成绩评定标准

本课程的终结性评价成绩满分为100分，各项任务的考核比例如下。

（1）平时成绩（包括平时作业、课堂提问、出勤、学习态度等）占30%。

（2）期末考试成绩（理论课）占70%。

原则上优秀率（85分以上）不超过30%，不及格率不超过10%。

终结性评价总成绩不及格者，须参加补考，原平时成绩保留。留降级学生重修的课程，平时成绩重新考核记分。

5. 命题与组配试卷

根据考试大纲的要求，认真分析课程所应考核的考查点，对试题的考核内容、能力层次、难易度、题量、题型等进行总体设计，并以此编制试题，组配试卷，认真编制试题的答案和评分标准，严格遵守阅卷程序，控制阅卷误差。

命题前编制命题方案，根据“考试命题计划细目表”的项目，进行题型、题量的章节分布设计，并填写“考试命题计划细目表”。

根据所要考核的教育目标层次，选择相适应的题型，采取主、客观题并用的原则。

教学大纲中要求掌握、熟悉、了解的内容在考核中的比例为：掌握占60%～80%，熟悉占10%～30%，了解占10%以内。

教育目标分类中认知分级的比例为：认识、记忆层次占20%～40%，理解、领会层次占20%～40%，应用、分析和评价占30%～60%。

试题的难度分为“容易”“中等”“难”三个层次，命题时，容易试题

（难度系数≥0.7）占50%～65%，中等难度试题（难度系数在0.5～0.7之间）占15%～30%，难试题（难度系数<0.5）占10%～25%。

题型主要为：A1 型选择、B1 型选择、填空题、名词解释题、简答题和应用题。

其中，A1 型选择题占15%，B1 型选择题占10%，填空题占10%，名词解释题占15%，简答题占20%，应用题占30%。

题型分值为：A1 型选择题共15题，每题1分；B1 型选择题共10题，每题1分；填空题共10题，每题1分；名词解释题共5题，每题3分；简答题共4题，每题5分；应用题共3题，每题10分。

试卷卷面要求：试卷卷面要整洁、清楚，并按试卷模板进行编排。试卷必须标明考试专业、年级、每题分值。每套试题要配有明确的标准答案及评分标准。

试卷数量：每学期命出两套难易程度相当的试题（试卷代号标识为A、B，分别附标准答案及评分标准）。

6. 考试分析与反馈

教研室应在课程考核结束后，组织教师对课程考试的学生成绩、试题质量进行系统分析，并对分析结果及其意义进行探讨，向任课教师、授课对象进行反馈，并形成分析报告和整改意见上报学校教务处。

第4章 综合课程设计

4.1 课程设计目的

计算机学科课程有计算机应用基础、高级 Office、C 语言程序设计、数据结构与算法、计算机组成原理、Java 程序设计、数据库原理与应用、Python 语言应用、操作系统、计算机网络与信息安全等，不同课程之间有很多交叉的知识点，以下是具体说明。

（1）数据表示与存储：很多课程都会涉及数据在计算机中的表示和存储方式，如二进制、字节、字等概念。计算机组成原理详细讲解计算机硬件如何存储和处理数据，而学习 C 语言程序设计、Java 程序设计、Python 语言应用等编程语言时也需要了解不同数据类型在内存中的存储形式，以便正确地进行数据操作。

（2）计算机系统组成：计算机应用基础、计算机组成原理、操作系统都对计算机系统的组成有介绍。计算机应用基础简单介绍硬件和软件的基本概念；计算机组成原理深入剖析硬件各部分的工作原理；操作系统则着重讲述操作系统如何管理计算机的硬件和软件资源。

（3）文件操作：计算机应用基础中会涉及文件的基本操作，如新建、删除、复制等。在 C 语言程序设计、Java 程序设计、Python 语言应用中，可以通过编程语言实现文件的读写操作。数据库原理与应用则是专门针对大量数据的存储、管理和查询，与其他课程中对数据文件的处理有一定的关联，是对数据存储和访问的不同方式。

（4）数据结构：数据结构与算法是专门研究数据结构的课程，但在 C 语言程序设计、Java 程序设计、Python 语言应用中，也需要使用各种数据结构来组织和处理数据。例如，在编程语言中实现线性表、栈、队列等数据结构，以便更高效地进行数据处理。

（5）算法实现：数据结构与算法中的各种算法，如排序、查找等，需要通过编程语言来实现。C 语言程序设计、Java 程序设计、Python 语言应用都可以作为实现算法的工具，不同的编程语言在实现算法时会有不同的特点和优势。

（6）程序逻辑与控制结构：各编程语言课程都包含程序逻辑和控制结构的内容，如顺序结构、选择结构和循环结构。这些知识在数据结构与算法中用于算法的设计和实现，在数据库原理与应用中用于存储过程和触发器的编写，在操作系统中用于进程调度等模块的设计。

（7）网络编程：计算机网络与信息安全介绍网络的基本原理和协议，而 Java 程序设计、Python 语言应用等编程语言可以通过网络编程接口实现网络应用程序的开发，如基于 TCP/IP 协议的 Socket 编程，实现客户端和服务器之间的通信。

（8）系统资源管理：操作系统负责管理计算机的各种资源，包括 CPU、内存、文件系统等。C 语言程序设计、Java 程序设计、Python 语言应用等编程语言在编写程序时，需要了解操作系统对资源的管理方式，以便合理地使用资源，避免资源冲突和泄露。同时，计算机组成原理为理解操作系统如何与硬件交互提供了基础。

如上所述，不同课程间相互交叉的知识点很多，但是由于课程分散在不同学期，加上部分学生能力有限，只能识记孤立的知识点，很难将其融会贯通，将知识点联想成森林，且学生对课程的理解大多以理论为主，很难将理论与实际生活相结合，将知识点转换成具体的操作。因此，需要设计一门课程，打破分科课程之间的断层，为学生呈现整体联系的知识网，并且以实验项目促进学生动手能力的提高，为此“综合课程设计”这一课程应运而生。该课程将以计算机学科的核心知识点为线，将不同课程中的核心概念串在一起，形成教学内容。以项目为中心，设计不同实验，旨在培养学生综合运用计算机类课程知识来分析和解决实际问题的能力。授课方式有教师讲授，也有学生自学和团队讨论，旨在培养学生主动学习和团队协作的能力。评价方式由形成性评价、学习性评价和终结性评价组成，其中终结性评价是在集中时间内让学生分组展示团队项目成果并进行答辩，教师和同学均参与评价，旨在提高学生的批判性思维和学习的主动性。通过课程的学习，学生将掌握系统设计和数据分析的基本理论和方法，为将来考研或就业打下良好基础。

4.2 课 程 标 准

1. 课程一般情况

课程名称：综合课程设计

课程性质：必修课

课程学时：总学时 72，其中理论 0 学时，实验 72 学时

课程学分：2 学分

开课学期：第五学期

前驱课程：C 语言程序设计、计算机组成原理、数据结构与算法、计算机网络与信息安全、Java 程序设计、操作系统、数据库原理与应用、Python 语言应用

综合课程设计旨在培养学生综合运用计算机类课程知识来分析和解决实际问题的能力。课程分为基础—进阶—高级三个阶段。在基础阶段，要求学生掌握计算机基础理论知识，能解决常见的软件和硬件问题。进阶阶段以信息管理系统开发与设计为案例进行解析，重点围绕着系统的图形界面与数据库紧密结合，介绍如何利用软件开发工具实现对数据库的远程连接、查询、输出显示等功能，培养学生项目设计能力、研究能力、现代工具运用能力、工程职业素养、沟通与交流能力和项目管理能力。高级阶段介绍 Python 语言的前沿知识，培养学生的开拓创新精神和知识迁移能力，

拓展学生视野，为今后进一步从事计算机相关的系统设计和信息处理打下良好的基础。

2. 教学总目标

1）知识目标

（1）掌握计算机基础理论知识。

（2）具备系统界面设计的基础知识。

（3）具备数据库创建和使用的基本知识。

（4）能够描述信息系统设计、数据库应用原理，对信息系统运维有深入理解，列出信息系统开发实例并分析。

（5）具有 Python 基础知识。

（6）能够描述数据分析和可视化的方法。

2）能力目标

（1）能解决常见的计算机软件安装和硬件问题。

（2）初步具有软件开发及数据库操作的基本技能，具有一定的科学探究和实践能力。

（3）能够操作数据库、建立系统认证模块，在数据库中实现基本的增删改查。

（4）能够运用信息系统开发的知识和技能指导后续课程的学习和未来的实践。

（5）能够利用 Python 进行数据获取、分析和可视化。

（6）具有小型项目的设计能力、研究能力，能够根据已有项目进行优化和创新。

（7）具有科学思维，具备一定的自主学习能力和使用现代工具的能力。

3）思政与素养目标

（1）形成工程实践的基本观点和科学态度，为辩证唯物主义世界观的树立、专业素养和职业精神的养成奠定基础。

（2）激发对课程设计的兴趣、热爱、好奇心和求知欲，形成质疑和探究的习惯。

（3）树立自主学习和终身学习的观念，认识到持续自我完善的重要性，不断追求卓越。

（4）建立善于发现问题—分析问题—解决问题的良好习惯，将这个习惯用于后续的学习与实践。

（5）具有团队合作精神，具有沟通与交流的能力。

（6）具有一定理性思维和批判质疑能力。

3. 教学内容及具体目标

硬 件 组 装

【教学目标】

1）知识目标

（1）识别并理解计算机硬件的主要组成部分。

（2）了解各硬件的性能指标和选择标准，以便在组装或升级计算机时做出合理的决策。

（3）熟悉计算机硬件的组装流程，掌握关键硬件的安装方法和注意事项。

2）能力目标

（1）能够通过动手实践，独立完成计算机的硬件组装和测试工作。

（2）能够运用逻辑思维和推理能力，分析并解决计算机硬件方面的故障问题，根据所学知识，解决在组装或维护过程中遇到的实际问题。

（3）学会利用网络资源或专业书籍，查找并学习解决硬件问题的方法。

（4）在小组合作中，学会与他人沟通交流，分享自己的经验和知识，能够分工协作，共同完成计算机硬件组装或维护任务。

3）思政与素养目标

（1）培养学生具备严谨的工作态度，对待计算机硬件组装和维护工作要认真负责。

（2）培养学生具备持续学习的意识，不断更新自己的知识和技能，以适应计算机技术的快速发展。

（3）引导学生关注环境保护，合理使用和处理废旧计算机硬件，减少资源浪费和环境污染。

【学时分配】2 学时。

【教学内容】

（1）计算机硬件基础知识；

（2）计算机硬件组装步骤；

（3）计算机硬件维护技巧；

（4）注意事项。

软 件 安 装

【教学目标】

1）知识目标

（1）熟练掌握 Eclipse 的安装过程，包括选择合适的版本、安装位置、创建桌面快捷方式等。

（2）熟练掌握 MySQL Workbench 的安装过程，包括选择合适的版本、安装位置、创建桌面快捷方式等。

（3）能够独立完成 PyCharm 的安装和初始化设置，包括选择安装位置、配置解释器、创建新项目等。

（4）了解软件更新的重要性并掌握 Eclipse、MySQL Workbench、PyCharm 等软件的更新方法。

2）能力目标

（1）能够通过动手实践，独立完成 Eclipse、MySQL Workbench、PyCharm 等软件的安装和配置工作。

（2）能够运用所学知识，解决在安装和配置过程中遇到的实际问题，如安装失败、配置错误等。

（3）能够运用逻辑思维和推理能力，分析并解决软件安装和配置方面的故障问题。

（4）学会利用网络资源或官方文档，查找并学习解决安装和配置问题的方法。

3）思政与素养目标

（1）培养学生具备严谨的工作态度，对待软件安装和配置工作要认真负责。

（2）培养学生具备持续学习的意识，不断更新自己的知识和技能，以适应软件技术的快速发展。

（3）引导学生关注信息安全和隐私保护，在软件安装和配置过程中要遵守相关法律法规和道德规范。

【学时分配】2 学时。

【教学内容】

（1）Eclipse 的安装；

（2）MySQL Workbench 的安装；

（3）PyCharm 的安装。

网 络 搭 建

【教学目标】

1）知识目标

（1）掌握局域网中常见设备（如路由器、交换机、网线、网卡等）的作用和分类。

（2）熟悉局域网搭建的基本步骤，包括硬件准备、物理连接、软件配置等。

（3）了解 IP 地址、子网掩码、网关和 DNS 服务器在网络配置中的重要性，并掌握其设置方法。

（4）理解网络安全的基本概念，掌握防火墙配置、访问控制等安全措施的应用。

2）能力目标

（1）能够通过动手实践，独立完成局域网搭建的整个过程，包括硬件连接、软件配置等。

（2）能够运用所学知识，解决在局域网搭建过程中遇到的实际问题，如设备故障、网络不通等。

（3）能够运用逻辑思维和推理能力，分析网络故障的原因，并提出有效的解决方案。

（4）学会利用网络资源或官方文档，查找并学习解决网络问题的方法。

3）思政与素养目标

（1）鼓励学生勇于探索新技术和新方法，在局域网搭建中不断创新，提高工作效率和质量。

（2）引导学生关注网络安全和隐私保护，在局域网搭建过程中要遵守相关法律法规和道德规范。

【学时分配】2 学时。

【教学内容】

（1）硬件准备与连接；

（2）软件配置；

（3）网络安全设置；

（4）测试与优化。

常见问题解答

【教学目标】

1）知识目标

明确自身学习过程中发现的问题。

2）能力目标

（1）能够运用所学知识，解决在系统设计过程中遇到的实际问题，如软件安装有问题、设备故障、网络不通等。

（2）能够运用逻辑思维和推理能力，分析问题的原因，并提出有效的解决方案。

（3）学会利用网络资源或官方文档，查找并学习解决问题的方法。

3）思政与素养目标

鼓励学生勇于探索新技术和新方法，不断创新，提高工作效率和质量。

【学时分配】2 学时。

【教学内容】

对学生出现的具体问题进行解决。

图形界面创建组件

【教学目标】

1）知识目标

理解组件的基本概念、定义和重要性。

2）能力目标

（1）能够通过动手实践，独立完成简单界面的设计与实现等。

（2）能够运用所学知识，解决在界面设计中遇到的实际问题，如组件位置不对、组件不显示等。

（3）能够运用逻辑思维和推理能力，分析问题的原因，并提出有效的解决方案。

（4）学会利用网络资源或官方文档，查找并学习解决问题的方法。

3）思政与素养目标

（1）通过成功完成组件相关的任务和挑战，增强学生的自信心和成就感。

（2）在团队项目中，培养学生的合作精神和团队协作能力。

【学时分配】2 学时。

【教学内容】

（1）Java Swing 与 Java AWT；

（2）基本组件；

（3）高级组件。

布 局 管 理

【教学目标】

1）知识目标

（1）认识 Java GUI 编程中布局管理器的重要性，了解它是如何帮助开发者有效地组织和排列界面组件的。

（2）熟悉 Java 中常见的布局管理器。

（3）了解布局管理器是如何根据容器的大小和组件的添加顺序来自动计算和设置组件的位置和大小的。

2）能力目标

（1）能够选择合适的布局管理器，并根据界面设计需求，在 Java 代码中正确地使用它。

（2）能够添加和管理组件，确保它们在界面中的位置和大小符合设计要求。

（3）能够根据实际需要，调整布局管理器的参数，如网格的行数和列数、组件的对齐方式等，以优化界面的布局效果。

（4）学会利用网络资源或官方文档，查找并学习解决问题的方法。

3）思政与素养目标

（1）培养认真、细致的工作态度，确保在编写 GUI 代码时，布局管理器的使用准确无误。

（2）学会如何与团队成员共同讨论和确定界面布局方案，以及如何根据团队成员的反馈进行调整和优化。

【学时分配】 2 学时。

【教学内容】

（1）Java 布局管理简介；

（2）常用布局管理器；

（3）注意事项。

事件处理机制

【教学目标】

1）知识目标

（1）理解 Java GUI 编程中事件处理机制的作用、原理及关键组成元素，包括事件源、事件和事件监听者。

（2）熟悉 Java 中各类常见的事件监听接口等，并能准确区分它们的应用场景。

（3）掌握如何编写实现事件监听接口的事件处理类，并理解事件处理方法的注册及调用机制。

2）能力目标

（1）具备编写 Java GUI 应用程序的能力，并能熟练实现事件处理功能，如按钮点击、键盘输入等。

（2）通过案例学习和实践编程，独立分析和解决在事件处理过程中遇到的问题，提升编程实践中的问题解决能力。

（3）尝试在现有事件处理机制的基础上进行创新，设计并实现具有独特功能或用户体验的 Java GUI 应用程序。

3）思政与素养目标

（1）通过学习中国自主开发的编程语言和技术（如 Java 在中国市场的广泛应用），增强学生的文化自信和民族自豪感。

（2）积极参与团队合作，与他人共同解决问题，提升团队协作能力。

【学时分配】2 学时。

【教学内容】

（1）事件处理的基本概念；

（2）事件处理机制的角色；

（3）常见的事件监听接口及其使用场景；

（4）事件处理机制的实现步骤；

（5）具体案例。

不同事件的处理机制

【教学目标】

1）知识目标

（1）熟悉 Java 中的 MouseListener，并能准确区分它们的应用场景。

（2）能够描述 MouseListener 中定义的方法及其典型用法。

2）能力目标

（1）能够熟练实现鼠标事件处理功能。

（2）通过案例学习和实践编程，独立分析和解决在事件处理过程中遇到的问题，提升编程实践中的问题解决能力。

（3）尝试在现有事件处理机制的基础上进行创新，设计并实现具有独特功能或用户体验的 Java GUI 应用程序。

3）思政与素养目标

积极参与团队合作，与他人共同解决问题，提升团队协作能力。

【学时分配】2 学时。

【教学内容】

（1）MouseListener;

（2）鼠标监听事件实例。

数据库的创建

【教学目标】

1）知识目标

（1）熟悉数据库的基本概念，包括数据库、表、字段、数据类型、主键、外键等。

（2）熟悉 MySQL Workbench 的界面布局和主要功能，包括数据库连接、数据库和表的创建、数据导入导出等。

（3）掌握 SQL 语言的基础知识。

2）能力目标

（1）能够根据实际需求，独立设计学生信息管理数据库的表结构，包括字段的命名、数据类型的选择、约束条件的设置等。

（2）能够使用 MySQL Workbench 等工具，将设计转化为实际的数据库结构。

（3）在数据库创建和管理过程中，遇到问题时能够独立思考，查找相关资料，寻求解决方案。

3）思政与素养目标

（1）能积极参与团队合作，与他人共同解决问题，提升团队协作能力。

（2）培养学生的职业素养，包括遵守数据库管理的规范和标准，保护数据的隐私和安全。

【学时分配】2 学时。

【教学内容】

（1）MySQL Workbench 的准备工作；

（2）创建数据库；

（3）创建学生表；

（4）验证创建结果。

数据库的查询

【教学目标】

1）知识目标

（1）理解 JDBC 的基本概念，熟悉数据库用户名和密码在连接中的作用。

（2）熟悉基本的 SQL 查询语句，特别是针对特定条件的查询（如按学号查询）等。

（3）熟悉 ResultSet 对象中的常用方法。

2）能力目标

（1）能够根据提供的数据库信息，使用 JDBC 成功连接到数据库。

（2）能够编写并执行 SQL 查询语句，特别是针对特定条件的查询（如按学号查询学生信息）。

（3）能够正确地从 ResultSet 对象中提取数据，并将其转换为 Java 中的数据类型。

（4）学会使用资源关闭语句（如 try-with-resources）来自动关闭数据库资源，避免资源泄露。

3）思政与素养目标

（1）在遇到数据库连接或查询问题时，学生能够独立思考并寻求解决方案。

（2）鼓励学生持续关注数据库技术的发展，学习新的数据库技术和工具。

（3）强调数据库操作的安全性和规范性，培养学生的职业素养和责任感。

【学时分配】2 学时。

【教学内容】

（1）JDBC 连接；

（2）Java 按学号查询学生信息。

数据库的修改与删除

【教学目标】

1）知识目标

熟悉 SQL 语言中的 UPDATE 和 DELETE 语句，以及它们在数据库修改和删除操作中的应用。

2）能力目标

（1）具备使用 JDBC API 建立与数据库连接的能力。

（2）遇到数据库连接失败、SQL 语句执行错误等问题时，能够独立分析问题原因并找到解决方案。

（3）通过编写和运行示例代码，能够将理论知识应用于实践中，提高实际操作能力。

3）思政与素养目标

（1）培养学生严谨的编程态度，注重代码的可读性和可维护性。

（2）鼓励学生在遇到问题时，能够灵活运用所学知识，创造性地解决问题。

（3）强调代码复用和模块化设计的重要性，以提高团队开发效率。

【学时分配】2学时。

【教学内容】

（1）修改学生信息；

（2）删除学生信息。

数据库的新增

【教学目标】

1）知识目标

（1）了解如何根据业务需求设计数据库表结构，以及字段之间的约束关系（如主键、外键）。

（2）掌握SQL的基本语法，特别是INSERT语句的编写方法，用于向数据库表中添加新记录。

（3）理解SQL语句中占位符的使用，以及为什么使用占位符可以提高代码的安全性和可维护性。

2）能力目标

（1）掌握使用PreparedStatement执行SQL语句的方法，包括插入、更新和删除操作。

（2）遇到数据库连接失败、SQL语句执行错误等问题时，能够独立分析问题原因并找到解决方案。

（3）通过编写和运行示例代码，能够将理论知识应用于实践中，提高实际操作能力。

3）思政与素养目标

（1）培养学生严谨的编程态度，注重代码的可读性和可维护性。

（2）鼓励学生在遇到问题时，能够灵活运用所学知识，创造性地解决问题。

（3）强调代码复用和模块化设计的重要性，以提高团队开发效率。

【学时分配】2 学时。

【教学内容】

（1）新增学生信息；

（2）编写新增学生信息的界面。

简 单 系 统

【教学目标】

1）知识目标

巩固相关知识。

2）能力目标

（1）具备结合具体案例进行界面设计的能力。

（2）能够连接数据库并进行增删改查。

（3）通过编写和运行示例代码，能够将理论知识应用于实践中，提高实际操作能力。

3）思政与素养目标

（1）培养学生严谨的编程态度，注重代码的可读性和可维护性。

（2）鼓励学生在遇到问题时，能够灵活运用所学知识，创造性地解决问题。

（3）强调代码复用和模块化设计的重要性，以提高团队开发效率。

【学时分配】8 学时。

【教学内容】

结合具体项目完成规定操作。

综合系统设计

【教学目标】

1）知识目标

巩固相关知识，将不同课程所学知识融合运用。

2）能力目标

（1）具备思考和分析能力，能根据具体需求设计相应的信息系统。

（2）能够编写代码实现系统的基本功能。

（3）在基本功能的基础上加以优化和创新。

3）思政与素养目标

（1）培养学生严谨的编程态度，注重代码的可读性和可维护性。

（2）鼓励学生在遇到问题时，能够灵活运用所学知识，创造性地解决问题。

（3）强调代码复用和模块化设计的重要性，以提高团队开发效率。

【学时分配】8 学时。

【教学内容】

综合系统的设计与实现。

爬　虫

【教学目标】

1）知识目标

（1）掌握网页爬虫的基本概念、工作原理和常见应用场景。

（2）掌握 requests 库用于发送 HTTP 请求和接收响应的方法，掌握 BeautifulSoup 库用于解析 HTML 文档和提取数据的方法。

（3）掌握使用 Excel、CSV、数据库等存储数据的方法。

2）能力目标

（1）能够根据给定的 URL，使用 Python 爬虫库发送请求并获取网页内容。

（2）能够解析网页结构，提取所需的数据，如文本、图片链接、表格数据等。

（3）通过编写和运行示例代码，学生能够将理论知识应用于实践中，提高实际操作能力。

3）思政与素养目标

（1）鼓励学生主动探索新的爬虫技术和工具，不断拓宽知识面。

（2）在遇到爬虫程序错误或网页结构变化等问题时，能够独立分析问题原因，并找到解决方案。

（3）遵守国家法律法规和网站的使用协议，不做出非法爬取和滥用数据的行为。

（4）培养学生的数据安全和隐私保护意识，确保在爬虫过程中不泄露敏感信息。

【学时分配】2 学时。

【教学内容】

（1）爬虫的基本流程；

（2）常用爬虫库；

（3）案例实践；

（4）爬虫常见问题及解决方案。

jieba 分词

【教学目标】

1）知识目标

（1）理解中文分词的基本原理和 jieba 分词的方法。

（2）掌握 jieba 分词库的安装、导入和基本使用。

2）能力目标

（1）能够使用 jieba 分词对中文文本进行分词处理。

（2）能够通过调整 jieba 分词的模式和参数，优化分词结果。

（3）能够结合具体案例，运用 jieba 分词进行文本分析。

3）思政与素养目标

（1）培养学生的文本处理和分析能力。

（2）提升学生的逻辑思维和问题解决能力。

（3）增强学生的文化素养和跨文化交流能力（通过对比中英文文本的分词处理实现）。

【学时分配】2 学时。

【教学内容】

（1）Jieba 分词库介绍；

（2）Jieba 分词的基本使用；

（3）《三国演义》的分词处理；

（4）《哈姆雷特》的分词处理。

wordcloud 库

【教学目标】

1）知识目标

（1）熟悉 wordcloud 类的基本属性，包括字体路径、画布尺寸、字体大小范围、最大单词数量、屏蔽词、背景颜色以及掩码等参数，并理解这些参数对词云生成的影响。

（2）明确 wordcloud 的定义、用途及其在文本数据可视化中的地位。

2）能力目标

（1）能够按照文本准备、创建 wordcloud 对象、生成词云、显示或保存词云的流程，独立完成词云图的生成。

（2）能够运用 Python 语言读取和处理文本数据，包括去除停用词、标点符号等预处理操作，为生成高质量的词云图奠定基础。

（3）能够根据实际需求，调整 wordcloud 对象的参数，生成符合要求的词云图。

（4）能够通过观察和分析词云图，提取文本数据中的关键信息和热点话题，为后续的文本分析提供有力支持。

3）思政与素养目标

（1）培养对新技术和新工具的好奇心和探索欲，能够主动查阅相关资料，学习并掌握 wordcloud 库的更高级功能和用法。

（2）能够运用所学知识，独立思考并解决问题，提高解决实际问题的能力。

（3）通过观察和分析词云图，培养对文本数据的敏感性和洞察力，能够独立思考并提出创新性的见解和观点，同时能够对已有的词云图进行批判性分析和评价。

【学时分配】2 学时。

【教学内容】

（1）wordcloud 简介；

（2）wordcloud 库的安装与导入；
（3）wordcloud 类及其参数；
（4）wordcloud 使用步骤；
（5）案例；
（6）注意事项。

政府工作报告分析

【教学目标】

1）知识目标

（1）掌握Python网络爬虫的基本原理和常用库（如requests、BeautifulSoup等）的使用方法。

（2）了解政府工作报告的结构和内容特点。

（3）掌握 wordcloud 库的基本用法和参数设置，能够生成词云图。

2）能力目标

（1）能够使用 Python 编写爬虫程序，从指定网站爬取政府工作报告全文。

（2）能够对爬取的文本数据进行预处理，包括去除停用词、标点符号等。

（3）能够使用 wordcloud 库生成政府工作报告的词云图，并对其进行分析和解读。

3）思政与素养目标

（1）培养学生的自主学习能力和解决问题的能力。

（2）培养学生的数据意识和数据分析能力。

（3）培养学生的团队协作精神和沟通能力。

【学时分配】 2 学时。

【教学内容】

（1）政府工作报告爬虫设计；
（2）文本数据预处理；
（3）词云图设计。

数 据 整 理

【教学目标】

1）知识目标

（1）熟悉如何创建 NumPy 数组，包括使用不同函数创建特定类型的数组。

（2）掌握数组的索引、切片、形状变换等基本操作。

（3）了解医学图像数据的表示方式，以及如何使用 NumPy 进行图像的灰度化处理、滤波处理、阈值处理。

2）能力目标

（1）熟练使用 Python 编写代码，利用 NumPy 库进行数组操作和数据处理。

（2）能够独立完成医学图像的加载、预处理和分析任务。

（3）能够分析和解释处理结果，并根据需要进行调整和优化。

3）思政与素养目标

（1）勇于尝试新的方法和思路，不断探索和优化医学图像处理的过程和结果。

（2）培养学生的创新意识和实践能力，能够在科学研究中提出新的观点和见解。

（3）强调在处理医学数据时的责任感和职业道德，确保数据的准确性和可靠性。

（4）培养学生的社会责任感和使命感，为医学研究和临床实践提供有力的支持。

【学时分配】2 学时。

【教学内容】

（1）NumPy 基础；

（2）案例分析。

数 据 分 析

【教学目标】

1）知识目标

（1）掌握 Pandas 库的基本功能和操作，包括数据读取、数据清洗、数据转换、数据分析。

（2）了解医学数据的特点和分析方法，能够运用 Pandas 进行医学数据处理和分析。

2）能力目标

（1）具备利用 Pandas 进行医学数据处理和分析的能力。

（2）提高学生解决实际医学数据问题的能力，包括数据清洗、数据转换、数据分析等。

3）思政与素养目标

（1）培养学生的科学素养和严谨的数据分析态度。

（2）增强学生的创新意识和实践能力，鼓励学生在医学数据分析领域进行探索和创新。

【学时分配】2 学时。

【教学内容】

（1）Pandas 基础知识；

（2）案例分析。

数据可视化

【教学目标】

1）知识目标

（1）掌握 Matplotlib 的基本导入和使用方法。

（2）学会如何使用 Matplotlib 绘制折线图、柱状图、饼图、散点图、直方图和箱型图等常见图表。

（3）了解每种图表的特点和适用场景。

2）能力目标

（1）能够根据数据特点选择合适的图表类型进行展示。

（2）通过绘制图表，能够更好地理解和分析数据，发现数据中的规律和趋势。

（3）在绘制图表的过程中，独立解决各种技术问题，如数据格式不匹配、图表元素重叠等。

（4）能够根据需求调整代码，实现自定义的图表样式和功能。

3）思政与素养目标

（1）学会用科学的方法展示和分析数据。

（2）能够自主查阅 Matplotlib 的官方文档和教程，学习新的图表类型和样式设置方法。

（3）能够主动探索 Matplotlib 的高级功能和扩展库，不断提升自己的绘图技能。

【学时分配】2 学时。

【教学内容】

（1）Python 可视化库；

（2）可视化步骤；

（3）绘制常见图形。

案 例 分 析

【教学目标】

1）知识目标

巩固相关知识

2）能力目标

（1）能读取和处理 CSV 文件，进行基本的数据检查。

（2）使用 seaborn 和 matplotlib 绘制并解释可视化图形。

（3）在数据分析和可视化中解决遇到的问题，提升批判性思维能力。

3）思政与素养目标

（1）培养学生的科学素养和严谨的数据分析态度。

（2）自主学习新的数据分析和可视化方法，发挥创新精神。

【学时分配】2 学时。

【教学内容】

（1）数据准备；

（2）数据分析与可视化。

项 目 设 计

【教学目标】

1）知识目标

巩固相关知识。

2）能力目标

（1）能够利用 Python 进行数据获取、分析和可视化。

（2）能够解决在数据分析和可视化中遇到的问题。

（3）针对已有项目进行优化和创新。

3）思政与素养目标

（1）建立善于发现问题—分析问题—解决问题的良好习惯，将这个习惯用于工作实际。

（2）自主学习新的数据分析和可视化方法，发挥创新精神。

（3）具有团队合作精神，具有表达和倾听的能力。

【学时分配】8 学时。

【教学内容】

项目设计。

项 目 报 告

【教学目标】

1）知识目标

巩固相关知识。

2）能力目标

（1）能够将问题和代码以报告的形式呈现。

（2）熟练使用办公软件完成指定格式的项目报告。

3）思政与素养目标

具有团队合作精神，具有表达和倾听的能力。

【学时分配】8 学时。

【教学内容】

项目报告。

4. 教学方法

本课程主要采用实验教学的方法，配合使用线上线下远程本地混合教学。在课堂讲授中可根据教学目标、教学内容和学生状态等采用启发式、案例式、探究式等方式，同时注重课程思政与学科前沿的有机结合。

4.3　课程考核方案

1. 课程性质简介

综合课程设计以项目为中心，将计算机学科不同课程中具有联系的核心概念进行交叉和融合，通过教师讲解、个人自学和团队合作，提高学生的实践和创新能力。

本课程的主要目的是打破分科课程之间的断层，为学生呈现整体联系的知识网，促进学生认识的整体性发展，并形成把握和解决问题的全面视野和方法。以社会实际需求为项目背景，让学生走出课堂，发现问题，思考问题，解决问题，提高学生的自主学习能力、工程实践能力，培养创新创业意识。

2. 考核形式、内容

考核分为三种形式：形成性评价、学习性评价和终结性评价。

1）形成性评价

（1）目的。

充分调动学生的学习积极性，强化学生个性化的发展。通过形成性评价，准确了解学生对课程设计的基本概念、基本方法的掌握程度，了解学生对课程设计的学习兴趣及学习态度。教师可以根据考核结果反映出的问题，有针对性地改进课堂教学。

（2）形式。

① 随堂提问、随堂测验、课内作业评判等。

② 观察记录课程学习情况（包括学生在学习中的纪律和态度等表现）、实验内容随机检查等。

③ 师生座谈、学生专题讨论、学生互评、学生讲述、读书报告、问卷调查、e-mail、QQ、微信和手机等信息交流。

2）学习性评价

（1）目的。

考查学生知识创新和知识拓展的能力，强化学生自主学习能力的培养。通过学习性评价，培养学生的理性思维、批判质疑能力、知识联系能力和知识迁移能力。

（2）形式。

① 课后作业评判。

② 学生项目报告的完成情况。

③ 师生座谈、学生专题讨论、信息交流等。

3）终结性评价

（1）目的。

终结性评价是在形成性评价和学习性评价的基础上，对学生学习情况和学习效果进行的一次全面检测。

（2）形式。

① 提交团队项目报告。

② 团队项目演示与答辩。

终结性评价是在集中时间内让学生分组展示团队项目成果并进行答辩，教师和同学均参与评价，课程设计评分标准参考表 4-1。其中教师评价占 60%，小组自评占 20%，小组互评占 20%。

表 4-1　课程设计评分标准

评价指标		评分标准	得分
综合系统设计（30 分）	项目构建（5 分）	项目选题合理，具有一定理论意义和实用价值	
	任务分解（5 分）	系统各模块分解合理，目标明确，内容具体	

续表

评价指标		评分标准	得分
综合系统设计（30分）	知识单元（5分）	所用知识能覆盖课程所学内容，具有可执行性	
	工作量（10分）	系统运行无误，项目完成度高	
	难度（5分）	难度合理	
项目报告（30分）	格式（10分）	字体字号、段落设置等格式规范，图表使用符合要求，结构合理美观	
	内容（10分）	主题明确，层次分明，内容充实，结构合理	
	过程（10分）	研究方法合理，研究过程充分、研究结论具有科学性，解释合理	
作品展示（10分）	仪态和表达（5分）	仪表端庄，表达清晰，语言流畅，用词准确	
	操作和反应（5分）	运行流畅，操作简单，反应迅速，交流得体	
总分			

3. 主讲教师职责及要求

（1）布置形成性评价任务并收回学生完成形成性评价任务的相关材料。

（2）按时评阅学生完成形成性评价任务的相关材料，要有批语、批注等并及时反馈给学生。

（3）针对学生学习过程中存在的问题，进行指导、答疑、讨论。

4. 总成绩评定标准

本课程的最终成绩满分为100分，各项任务的考核比例如下。

（1）形成性评价（包括课内作业、课堂提问、出勤、学习态度等）占20%。

（2）学习性评价（包括课后作业、项目报告等）占 10%。

（3）终结性评价（包括综合系统设计、项目报告和作品展示等）占 70%。

原则上优秀率（85 分以上）不超过 30%，不及格率不超过 10%。

总成绩不及格者，须参加补考，原平时成绩保留。留降级学生重修的课程，平时成绩重新考核记分。

5. 终结性评价形式

由于此课程的教学内容以项目为中心，将计算机学科不同课程中具有联系的核心概念进行交叉和融合，通过教师讲解、学生自学和团队合作，提高学生的实践和创新能力，因此该课程的考核取消纸质试卷，以提交课程设计的形式进行，任课教师和学生根据评分标准，针对学生提交项目质量给出相应的成绩。

6. 考试分析与反馈

教研室应在课程考核结束后，组织教师对学生成绩进行系统分析，并对分析结果及其意义进行探讨，向任课教师、授课对象进行反馈，并形成分析报告和整改意见上报学校教务处。

4.4 课程实践效果

综合课程设计这一课程于 2021 年 12 月开始实施，到 2025 年 1 月，已经实施了 4 年。2021—2024 年期间，参加课程的学生在学校积极申报创新创业和学科竞赛项目，累计获得国家级项目 2 项、省级项目 5 项、校级项目 12 项。学生参赛获奖的数据较课程实施前有了很大的提升。

授课教师团队通过问卷星平台设计了课程满意度调查问卷，调查问卷设置了课程内容、授课教师、课程整体和自身感受 4 个维度，每个维度包括 4～5 个观测点，学生根据实际情况对每个观测点进行评价，评价结果分为 5 个等级（1～5 分）。问卷调查于 2023 年 6 月发放，填写对象为 2019 级和 2020 级信息类专业的学生，共回收问卷 128 份，满意度结果如图 4–1 所示。

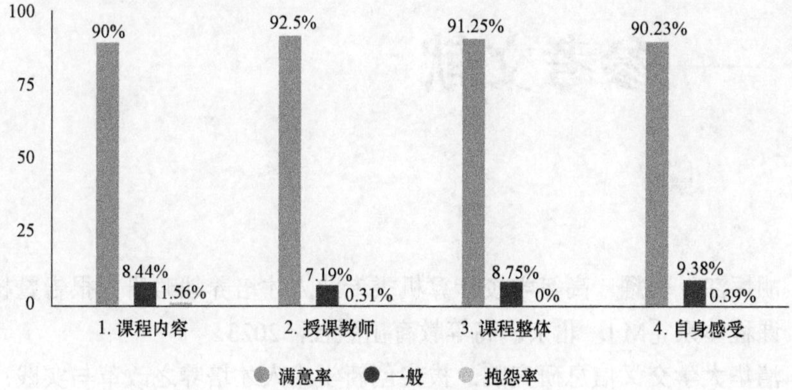

图 4–1　满意度结果

根据满意度结果显示，平均分为 4.40 分（满分 5 分）。在 4 个维度中，授课教师的满意率最高，证明学生认可授课教师的付出与辛苦。其次课程内容、课程整体和自身感受也得到了近 90%同学的认可，学生认为通过课程可以整合之前所学的内容，提高自己的实践和创新能力。

参考文献

［1］胡振江，郭耀．高等学校计算机类专业人才培养战略研究报告暨核心课程体系［M］．北京：高等教育出版社，2023．

［2］清华大学交叉信息研究院．拔尖创新学术人才培养之改革与实践：以清华大学计算机科学实验班为例［J］．北京教育（高教版），2013（9）：67-68．

［3］程兰岚，刘芊妤．新人才，新理念：北大图灵班的教育创新［J］．国际人才交流，2018（4）：40-42．

［4］俞勇．携手：上海交通大学 ACM 班十年风雨路［M］．上海：上海交通大学出版社，2012．

［5］杨蓉．浙大新增机器人工程和人工智能专业［J］．计算机与网络，2019，45（7）：14．

［6］刘思思．书院制转型过程中基于 CDIO 理念的人才培养：以计算机科学与技术专业为例［J］．西部素质教育，2020，6（8）：193-194．

［7］李敏，赵宏．基于大班授课、小班讨论的教学模式改革：以“计算机基础”课程为例［J］．工业和信息化教育，2019（6）：33-36．

［8］吕晶，何炎祥．综合性大学计算机学科拔尖人才培养研究［J］．计算机教育，2022（7）：30-33．

［9］姜涛．高校计算机理论与实践教学相结合方法探讨［J］．科教文汇（下旬刊），2009（30）：135．

［10］薛小瑞，张晓帅．计算机专业就业现状分析与趋势探究［J］．科技资讯，2021，19（18）：154-156．

［11］杨宁，张进，马立香，等．“新工科”背景下“综合课程设计”实验课程多元化考核改革实践［J］．实验技术与管理，2020，37（10）：190-196．

[12] 潘秀珍，马辉．基于工程实践能力培养的钢结构课程多样化教学模式构建与创新［C］//中国钢结构协会结构稳定与疲劳分会（Institute of Structural Stability and Fatigue，China Steel Construction Society）．中国钢结构协会结构稳定与疲劳分会第 17 届（ISSF-2021）学术交流会暨教学研讨会论文集．西安：西安理工大学土木建筑工程学院，2021：3．

[13] 居里锴，徐建成．“大工程观”下工程实践教学改革的探索与实践［J］．中国大学教学，2013（10）：68-70．

[14] 刘卓，马敏耀，邱克娥，等．以工程实践能力为导向的计算机专业核心课程融合教学模式改革［J］．电脑知识与技术，2018，14（25）：189-190．

[15] 倪强．以创新创业能力培养为核心的计算机专业实践课程教学改革［J］．江西电力职业技术学院学报，2018，31（11）：19-20．

[16] 曾建萍．以创新创业能力培养为核心的计算机专业实践课程教学改革策略［J］．科技风，2016（12）：62．

[17] 方跃峰，王晓勇，奚李峰，等．以创新创业能力培养为核心的计算机专业实践课程教学改革［J］．计算机教育，2011（9）：1-8．

[18] 刘进，王璐瑶．麻省理工学院新工程教育转型：源起、框架与启示［J］．高等工程教育研究，2019（6）：162-171．

[19] 柴欣，史巧硕．大学计算机基础教程［M］．10 版．北京：中国铁道出版社，2021．

[20] 王敬华，林萍．C 语言程序设计教程［M］．3 版．北京：清华大学出版社，2021．

[21] 唐硕飞．计算机组成原理［M］．3 版．北京：高等教育出版社，2020．

[22] 齐景嘉，王梦菊．数据结构：C 语言描述［M］．2 版．北京：清华大学出版社，2015．

[23] 谢希仁．计算机网络［M］．8 版．北京：电子工业出版社，2021．

[24] 陈国君．Java 程序设计基础［M］．7 版．北京：清华大学出版社，2021．

[25] 汤小丹，梁红兵，哲凤屏，等．计算机操作系统［M］．4 版．西安：西安电子科技大学出版社，2019．

[26] 王珊，杜小勇，陈红．数据库系统概论［M］．6 版．北京：高等教育

出版社，2023.
［27］袁方，肖胜刚，齐鸿志．Python 语言程序设计［M］．北京：清华大学出版社，2019.
［28］王秋月，覃雄派，赵素云，等．人工智能与机器学习［M］．北京：中国人民大学出版社，2020.
［29］汤志伟．信息系统开发与管理［M］．2 版．北京：科学出版社，2019.